U0309032

写给孩子的建筑史

[德]克里斯汀·帕克斯曼（Christine Paxmann）著
[德]安妮·伊贝林斯（Anne Ibelings）绘
李家元 译

天津出版传媒集团
天津科学技术出版社

目 录

孩子们，你们都知道哪些标志性建筑呢？巴黎的埃菲尔铁塔、纽约的克莱斯勒大厦、罗马的斗兽场，你们一定对这些建筑耳熟能详吧！一些建筑，不仅在当时是新风格的代表，还一直是后世风格的典范。例如古希腊神庙，就曾为古罗马时期、文艺复兴时期、19世纪历史主义及20世纪后现代主义的建筑师们提供了灵感。

还有一些建筑，我们无法用任何一种风格来定义它们，它们的特点完全由设计它们的建筑师决定。勒·柯布西耶、佛登斯列·汉德瓦萨、弗兰克·劳埃德·赖特，他们都创造了独具特色的建筑。

直至今日，人们仍对那些具有千百年历史的建筑物赞叹不已。它们不仅成为建筑史的一部分，还帮助世界各地的人们了解自己国家的文化。像金字塔、罗马式大教堂与哥特式大教堂、奥斯曼清真寺、古代陵墓这样伟大的建筑，即使我们不知道设计它们的建筑师是谁，它们的形象也依旧深入人心。

建筑，远不止代表着修建房屋。建筑，是我们看得见的编年史。

克里斯汀·帕克斯曼

远古时期的人类建筑

大约200万年前，人类的历史开始了。那时候，我们的祖先还浑身长着长毛，以四脚着地的姿势奔跑，并且在树木上栖息。到了公元前40万年左右，情况开始发生变化。人类身上的大部分毛发渐渐褪去，他们开始用两条腿走路，并且可以走得很远！他们为什么要走这样远的路呢？大部分时候，他们都是为了寻找可以吃的动物和植物。这些“狩猎采集者”们，一些生活在洞穴之中，另一些则居住在用树枝搭建或向地下挖掘而成的“房屋”中。

人类在这样的“房屋”中居住了成千上万年。大约1万年前，一些人厌倦了这种摇摇欲坠的建筑，也厌倦了自己“狩猎采集”的生活方式，因为过这种生活，就意味着他们要不停地搬家。所以，他们创造了一种新的食物获取方式——农业。这时，人们终于可以在一个地方安顿下来了，他们修建了结实的房屋，这些房屋组成了城镇。

起初，这些房屋只是抹着黏土或淤泥的木质小屋，而且大部分呈圆形。到了大约7000年前，人们忽然有了一个主意：为什么不用火来硬化泥土呢？这样一来，人们便制作出了有尖锐棱角的砖块，利用这种材料来进行建造,房屋由圆形变成方形。公元前4000年左右，人们终于发明了轮子，因此开始有能力修建大型的房屋甚至城市，这也是建筑史真正开始的标志。

人类如何学会在“室内”生活？

1 位于法国尼斯的泰拉·阿玛塔遗址是最古老的房屋遗迹之一，这处遗迹具有约40万年的历史。它是由法国研究者亨利·德伦莱发现的。

2 公元前1万年左右，建造者们将潮湿的淤泥塞进树枝之间的缝隙中。这种方法能让泥土变干，形成结实的墙体。这样一来，最早的“结实的”房屋便建成了。不幸的是，这些房屋随时间的流逝早已灰飞烟灭，所以它们其实不能算真正的结实。

3 公元前7000年左右，人们开始使用未经烧制的黏土砖修建圆形的小屋。目前，在土耳其和中东地区，仍然保留着这些建筑的遗迹。

● 苏美尔人是非常有智慧的，他们曾经生活在现在的伊拉克一带。大约6000年前，苏美尔人发明了轮子，人们终于有能力远距离运输建筑材料了。

4 通过使用烧制黏土砖，人们修建出来的房屋有了直角。不久，房屋与房屋之间的小路变成了街道，城市就这样诞生了。

雄伟的金字塔

你知道吗？公元前2500年左右，古埃及人做了一件史无前例的事情——他们修建了一些巨大的建筑物！然而，古埃及人是如何建造出如此庞大的建筑的，时至今日人们都并不完全清楚。古埃及人的居住地沿着世界上最长的河流——尼罗河分布。尼罗河为古埃及人带来了肥沃的土地，他们因此创造出了璀璨的文化，形成了自己的书面语言，并且掌握了数学知识。在古埃及人眼中，他们的国王，也称为“法老”，既是统治者，也是神。

古埃及人认为只有一样东西比法老略微强大一点儿，那就是太阳。埃及的天气总是阳光灿烂，所以太阳也就成为埃及文化关注的焦点。法老在去世前希望自己的灵魂能够升天，并尽可能地接近太阳。如此一来，修建一座“奔向”这个发光天体的陵墓，也就是金字塔，便是最合理的做法。不过，由于修建一座金字塔需要花费很长的时间，所以法老必须提早安排自己的后事。

古埃及人、法老与神

1 胡夫金字塔、哈夫拉金字塔、孟卡拉金字塔，这3座著名的金字塔位于埃及吉萨市附近，它们都是以埋葬在其中的统治者的名字命名的。在大金字塔前的小金字塔里埋葬的是这些统治者们庞大的“随从人员”，包括他们一半的朝臣、狗、猫，其中还有大量的金银财宝陪葬。

2 所有的金字塔都矗立于方形基座上，并且是一层一层朝上修建而成的。金字塔的4个角正对着4个基本方向——东、南、西、北。

3 古埃及人先沿着尼罗河，用船只运送修建金字塔的石块，后来又从尼罗河开凿运河，这样船只便能继续航行到离施工地点更近的地方。人们从船上卸下这些石块后，用巨大的滑橇将它们一路运送到目的地。所有的这些工作都需要耗费无数的劳动力！

4 胡夫金字塔，又称吉萨大金字塔，是世界上最高的金字塔，现高139米，由约230万块石头组成。每一块石头的重量都在2250千克以上，平均重量大约为2500千克。我们可以对比一下：一头公牛的重量约为180千克！

5 金字塔的内部有一套设计精心的通道与墓室系统，用来威慑盗墓者，并为墓主镇恶驱邪。多亏了这套独特的系统，再加上古埃及将死者包裹成木乃伊的习俗，大量关于古埃及的资料得以完好无损地流传至今。

这项异常艰巨的建筑任务是怎样完成的呢？它动用了数十万工人，并且还应用了坡道与滑轮装置。即便如此，修建一座金字塔也要花费大约25年的时间。当时，工人们最重要的测量工具是铅锤。

6 最初，金字塔的外壁都包裹着白色石板，在阳光下闪烁着耀眼的光芒，人们远远地就能看到它们。不幸的是，这些美丽的石板后来被盗了。

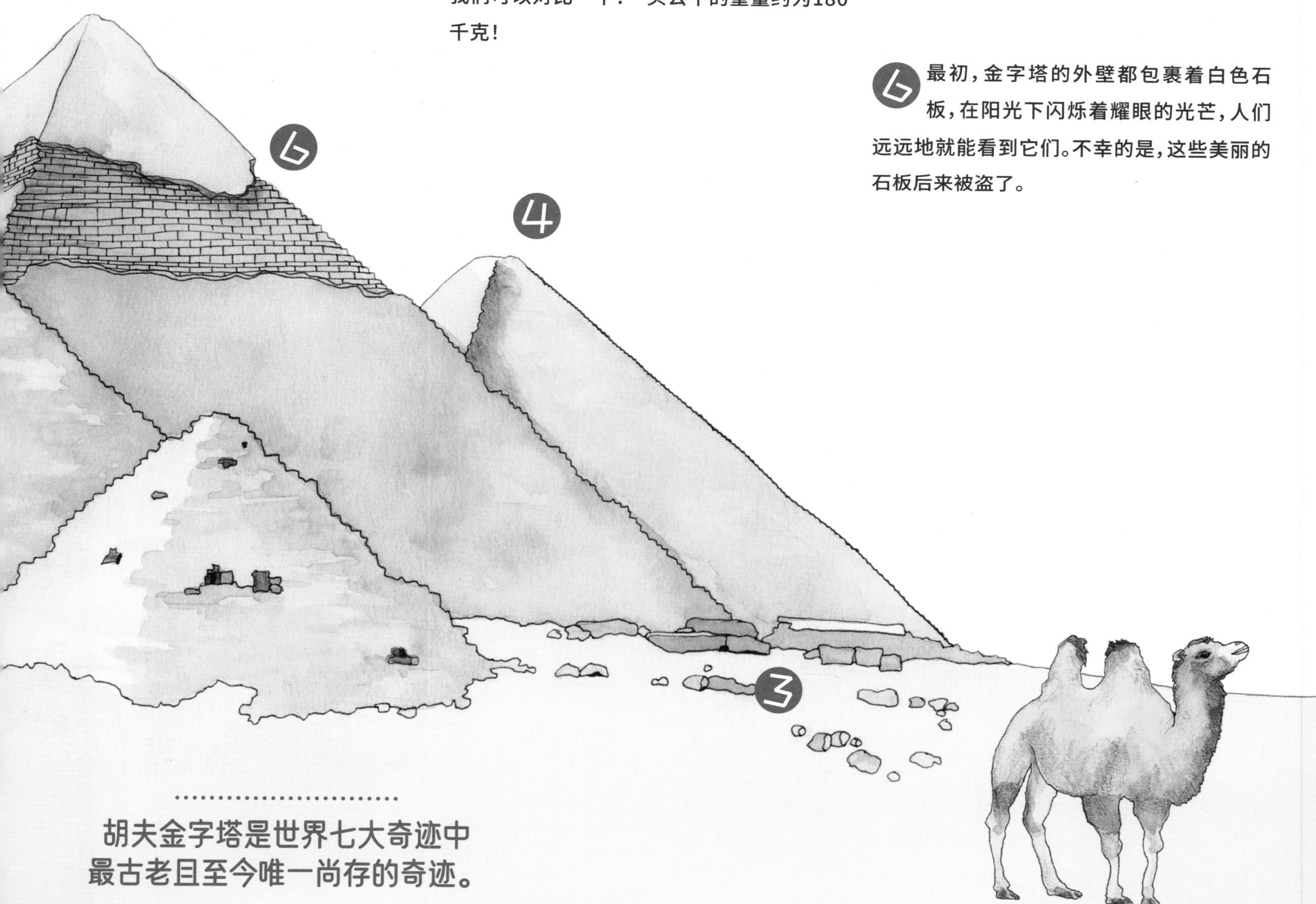

胡夫金字塔是世界七大奇迹中最古老且至今唯一尚存的奇迹。

古希腊神庙

古希腊人热爱他们宏伟的建筑，也热爱他们的众神。对古希腊人而言，宗教和建筑是紧密相连的。许多宏伟的希腊建筑，都是他们为了讨取神的欢心而专门修建的。

古希腊的黄金时代出现在什么时候呢？在公元前500—公元前400年。那是一个错综复杂的时代。古希腊人常常与他们的邻国作战，建造了美丽的城市，还创造了成熟的政府形式。雅典，这个以智慧女神雅典娜的名字命名的地方，是古希腊最重要的城邦。雅典的中央，坐落着一处著名的要塞——雅典卫城。

在摆脱了波斯人一次残酷的包围之后，雅典人为了表达自己对城邦女神的感谢，“赠予”了女神一份大礼——帕特农神庙。公元前447—公元前438年，雅典人在雅典卫城的最高处修建了这座宏伟的建筑。帕特农神庙的建造者们想出了不少新点子，使这座神庙变得十分独特。

1 帕特农神庙是希腊本土最大的神庙，它的宽度超过30米，长度大约为70米，高度超过10米。

2 帕特农神庙的柱子属于多立克柱式风格。在这种柱子的顶部有一个柱头，柱头的样子就像普通的长方形石块。但是，帕特农神庙可不是一座普通的多立克式建筑。在普通的多立克式建筑的立面上只有6根柱子，而帕特农神庙却有8根柱子。

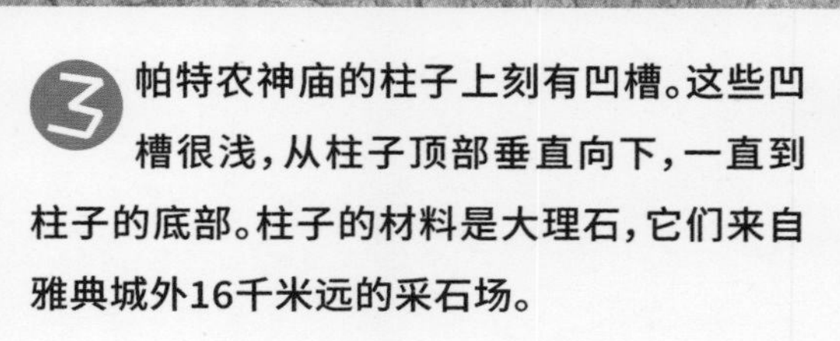

3 帕特农神庙的柱子上刻有凹槽。这些凹槽很浅，从柱子顶部垂直向下，一直到柱子的底部。柱子的材料是大理石，它们来自雅典城外16千米远的采石场。

4 帕特农神庙被高高地修建在一个梯形基座上，基座有3步台阶。这样，大理石材质的神庙便拥有了良好的基础。

5 神庙的中央是它的内殿，也就是主殿。这座内殿的列柱有两层楼那么高，这一点非常特别，因为一般情况下，这种列柱只有一层楼高。毕竟，帕特农神庙不是一座普通的建筑！

6 神庙的三角楣饰上，展示的是女神雅典娜和其他奥林匹斯众神在一起的场景。

7 在多立克柱上方的横饰带上，装饰着92幅小型浮雕，这部分也叫排档间饰。这些浮雕描绘了各种战斗场面，其中的主角包括半人马怪、亚马逊女战士，以及其他一些著名的神话人物。

宏伟的帕特农神庙

由于帕特农神庙有很多柱子，
所以人们给它取了一个
外号——“百足庙”。

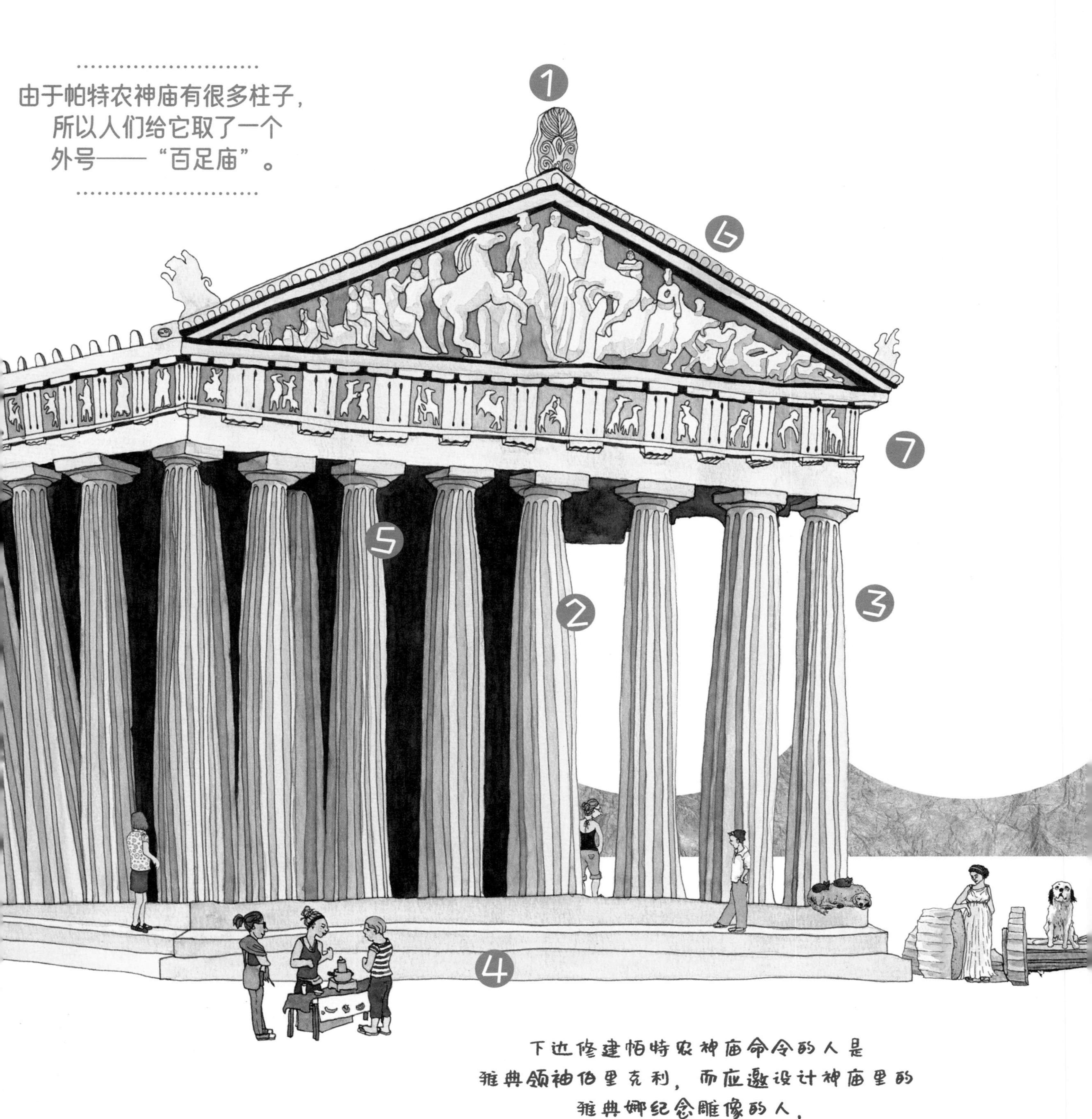

下达修建帕特农神庙命令的人是
雅典领袖伯里克利，而应邀设计神庙里的
雅典娜纪念雕像的人，
则是著名雕塑家菲狄亚斯。

希腊风格的古罗马工程

你一定听说过古罗马人吧？他们是具有传奇色彩的征服者。不过，他们把精力过多地花在了战场上，所以几乎没有什么时间去研究时髦的艺术与建筑学。公元前86年，曾经是古代世界文化中心的希腊，落入了罗马人之手。这时，希腊文化向罗马的流通变得畅通无阻，古希腊的艺术与建筑在罗马风靡一时。各种雕塑品、建筑部件，还有其他来自希腊的战利品，都大量涌入罗马城。那么，罗马的领导者们有什么想法呢？他们希望的是，把罗马的首都打造成像雅典的样子，到处都是浅色的石头、时尚的柱子，还有设计得非常协调的建筑立面。

在奥古斯都皇帝（公元前63年—公元14年）的支持下，这座城市开始了一场大规模的“希腊式”美化运动。在这场运动开始之前，罗马城就已经有了管道装置、地板下供暖和浴场，但是罗马人还想给这些便利设施增添一些优雅的设计。罗马人也有自己的建筑发明，包括混凝土、半圆拱等。他们把自己的这些建筑发明，与希腊式的柱子、柱头和雕塑进行结合，在混凝土墙体的表面覆盖了一层石头。

公元1世纪70年代，韦斯巴芗皇帝（公元9—79年）下了一道命令——修建一座与罗马城一样雄伟的建筑。这座建筑是当时世界上最大的圆形剧场，也是罗马最受欢迎的运动赛事的举办地——武装角斗士们血腥的战场。在罗马时期，人们常把这座建筑称为弗拉维圆形剧场，因为它修建于韦斯巴芗皇帝建立的弗拉维王朝时期。不过今天，这座建筑有了另一个名字——罗马斗兽场！

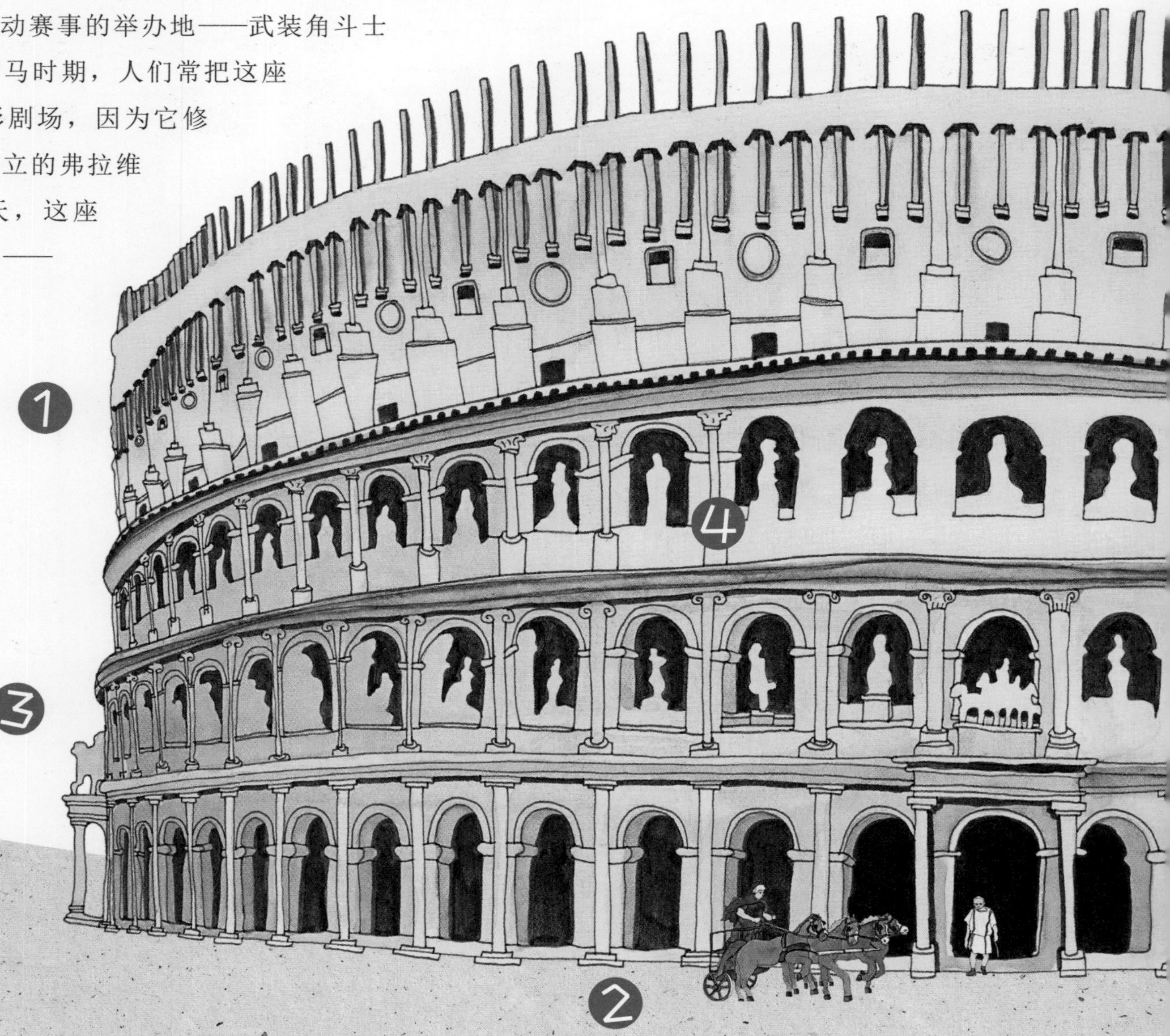

1

4

3

2

圆形中的罗马人

修建罗马斗兽场用的石头被人们用铁夹固定在一起，这些铁夹就像巨型的订书钉。

① 罗马斗兽场可以与现代的体育场媲美。它的高度接近50米，宽度为156米，长度为188米，周长545米，迄今已有近2000年的历史。这座体育竞技场能容纳约5万名观众。对比一下：伦敦奥林匹克体育场能容纳8万人观看比赛。

② 罗马斗兽场有80个入口，观众可以从这些入口迅速入场；在离场时，观众通过楼梯与通道，仅需15分钟便能全部离场。人们把这套让观众能迅速进入和离开大型建筑的系统称为“大出入口”，这个词来源于拉丁语“喷出”一词。

③ 斗兽场的下面3层逐层升高，每层各有80个漂亮的圆拱。带有这种圆拱的拱廊，可完全是由罗马人发明出来的！在第4层上有240根木柱，可用来吊起竞技场上方的遮盖物。这种遮盖物由帆布或亚麻布制成，用来为观众遮阳。

④ 拱门之间的柱子有3种不同的希腊柱式：多立克柱式、爱奥尼柱式、科林斯柱式。3层楼中的每一层各采用一种柱式。

⑤ 这座竞技场的内部宽度为54米，长度为86米。这里最初还覆盖着可以拆除的木地板，以便进行布景，或是在进行水上运动时将竞技场的地面灌满水。

至于罗马斗兽场的大型承重部件，罗马人使用的材料是来自罗马周边地区的钙华石。而建筑的地基与装饰，他们使用的材料与现今的混凝土类似，名为“罗马混凝土”。

罗马斗兽场如今已破碎、倒塌，主要原因包括地震，以及中世纪时，许多罗马人将罗马斗兽场的石头拿去修建了别的建筑。

罗马城建于七丘之上，
罗马帝国大约存在了1000年！

神秘的拜占庭风格

时间来到公元300年前后，这时候统治着辽阔的罗马帝国的，是罗马皇帝君士坦丁大帝。这个帝国分为东部和西部两个部分。那时，在这个帝国里，人们的生活正在发生改变。因此，君士坦丁决定，将首都从西部的罗马迁到东部的拜占庭。这位皇帝将拜占庭这座城市重新修建得宏伟壮丽。当然，他也根据自己的名字，将这座城市改名为君士坦丁堡。这座城市现在位于土耳其境内，名为伊斯坦布尔。

君士坦丁还从另一个方面深刻改变了这个帝国。此前的数百年，大多数罗马公民都信仰多神教，而君士坦丁皈依了基督教。基督教徒只信仰一个神。这位皇帝决定将自己信奉的宗教作为帝国里最重要的信仰。那时，基督教只有大约300年的历史，而且基督教徒还常常遭受罗马人的迫害。于是，君士坦丁决定，要立刻在首都修建一座大教堂。尽管这座教堂在修建后不久便被烧毁，但君士坦丁的后继者们决心要修建一座更加宏伟的建筑。公元532年，在查士丁尼皇帝（公元482—565年）统治期间，世界上最大的巴西利卡式教堂拔地而起，这就是圣索菲亚大教堂。修建这座教堂只花费了6年时间，但它巨大的穹顶足以让整个城市的其他建筑都黯然失色。

1 圣索菲亚大教堂的建筑师们对教堂巨大的穹顶进行了精心设计，它只需4根支撑柱便能屹立不倒。穹顶的直径为33米，高度为56米。

2 整个穹顶使用砖作为材料，大大增强了建筑的稳定性。穹顶上原来有许多用于装饰的金色镶嵌画，但是，当这座教堂被改为清真寺后，这些镶嵌画就被遮挡起来了。

3 穹顶有40扇窗户，有助于防止砖结构中出现裂缝。

4 1453年，圣索菲亚大教堂被改为清真寺，也就是穆斯林的礼拜寺，并增加了4座宣礼塔。

5 由于担心穹顶可能会倒塌，人们在这座巴西利卡式教堂的外部增加了用于支撑的扶壁。

6 几个世纪以来，人们在教堂外围不断修建新的建筑物，所以从外面看，圣索菲亚大教堂就像一座小城。

● 最初，巴西利卡式建筑是古罗马的一种公共建筑，其内部像一间大厅堂，可以用作集市和法庭。后来，“巴西利卡式”用来指那些中间位置高、两侧位置低的教堂。还有一些巴西利卡式教堂像圣索菲亚大教堂一样，在顶部装有穹顶。

在公元600年左右的古典时代晚期，人们认为圣索菲亚大教堂是世界第八大奇迹！

神奇的圣索菲亚大教堂

如今，没有人确切知道，仅仅依靠那个时代的条件，圣索菲亚大教堂的建造者们是如何建造出如此巨大的穹顶的。

又厚又圆的罗马式建筑

又过了500多年，到了公元1000年左右，欧洲仍然处于中世纪时期。这时，又出现了一种独特的建筑风格。中世纪的欧洲人，确实是在有条不紊地创造着新发明呀！实际上，许多建筑技术的确需要被发明，或者被重新发现。自从罗马帝国灭亡以来，大量的建造技艺都已失传。那时的欧洲，没有人懂得如何在大场地的建筑上方修建宽阔的屋顶，或者加盖巨大的穹顶。

公元1000年以后，雄伟的建筑再次出现了，这也正是罗马式建筑风格时代的开始。人们重新发现了一些方法——使用拱券、扶壁、筒形拱顶和穹棱拱顶来加固建筑结构。这些工程技术上的进步，使得当时出现了大量具有回廊、厚墙、双列柱和大窗户的教堂。也正是在这个时候，人们在德国的小村庄施派尔建起一座“皇家大教堂”。

- 现今的施派尔大教堂的许多部件实际上并非出自罗马式建筑风格时期。经历了一次次的火灾、战争、重建、扩建之后，如今的施派尔大教堂已经融合了不同时期的风格。

1. 罗马柱的柱础呈正方形，柱头为立方体，中间部分为精美的圆柱。

2. 施派尔大教堂的塔楼及其塔尖建于公元1100年左右。这些塔楼具有拱形的洞口，以便让人听到教堂的钟声，但是，从来没有人把钟挂进塔楼里！

3. 沿着教堂的外侧，人们到处都能见到一排排明拱，它们也叫“矮拱廊”，还有人叫它们“矮子拱廊”。它们的名字也许听起来有点儿滑稽，但是外观看上去却很漂亮。

- 在柱子的柱头上，以及正门上方的小拱上，都设置了人物雕像和装饰物品进行点缀。

- 正门的拱券被雕刻成许多层，越往里走，就变得越小。这种层次变化使教堂的正门看起来像一个漏斗，让人感觉它很有深度，能吸引游人走进这座建筑物。

4. 大教堂的中殿（正厅）尽头是一处带拱顶的半圆形空间，名为“后殿”。这里布置了圣坛，用于在教会活动中举行重要的仪式。早在古罗马与拜占庭风格的建筑中，就已经有半圆形后殿了，而罗马式建筑的设计师们沿用了它们。

施派尔：一个拥有大教堂的小村庄

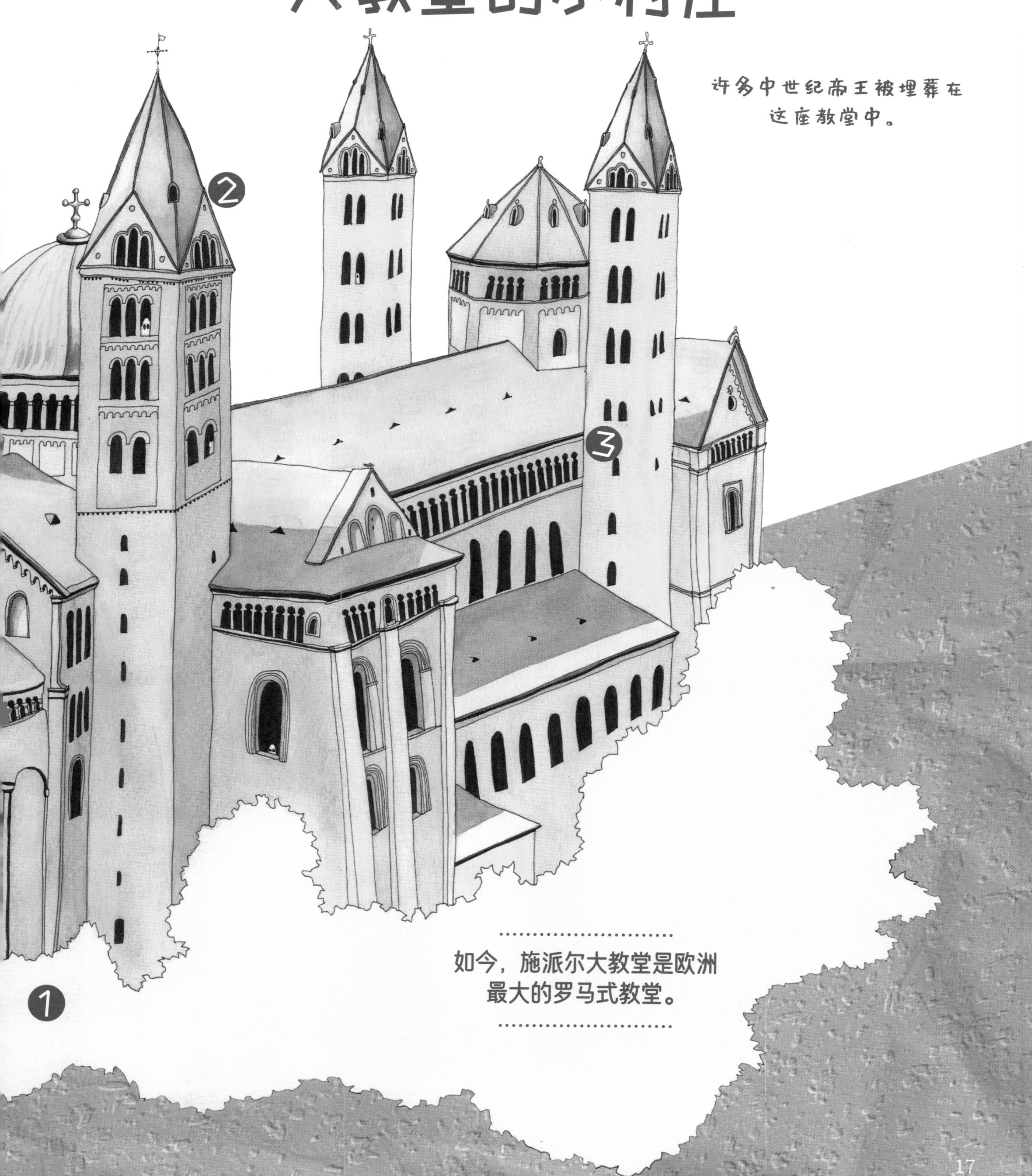

许多中世纪帝王被埋葬在这座教堂中。

如今，施派尔大教堂是欧洲最大的罗马式教堂。

因战争而生的城堡

在公元400年左右的古典时代晚期，欧洲是什么样子的呢？那时候，欧洲大地到处充满纷争和战乱。许多人不得不占山为王，这样便能密切观察敌人的行踪。如果附近没有天然的山丘，人们便会用铲子等工具堆出人造的土丘。起初，欧洲人在这些土丘上修建木质结构的防御建筑，但是木头很容易被烧毁，所以这些早期的“堡垒”寿命都不长。

到了公元1200年左右，一些战争的领导者开始拥有大量的财富，他们有了足够的财力和物力来修建更大、更坚固的石头建筑。当然，这些建筑必须能够容纳许多人居住，尤其是士兵和仆人。在原来的土丘上，复合型的房屋与塔楼拔地而起。它们四周有结实的围墙，围墙外面还设有农耕区与贸易区。后来，人们就把这些宏大的建筑综合体称为“城堡”。

然而，几个世纪之后，人们感到城堡里的生活变得越来越不舒服。欧洲不再有之前那样多的战乱，于是人们开始在城市中生活。于是，大量的城堡被荒废，最终沦为废墟。还有一些则被改造成富人居住的华丽的豪宅，但这些经过“更新”的建筑已经不再算是城堡了，它们已经成为宫殿。

1 城堡的许多塔楼之中，往往有一座塔楼是最为雄伟的。在德国，这座塔楼被称为“主塔”。它被人们用作瞭望台，来监视有无外来者接近城堡。在英格兰和法国，这种塔楼常被用作人们被包围时的最后藏身之处，也称为“主楼”。

2 许多城堡的四周都有一条环绕着城堡的水渠（也就是护城河），用于阻挡敌人进入城堡。有时候，这些水渠还会装满水。那时会游泳的人很少，想要跨越这条水渠，又不被打湿身子，唯一的办法是使用吊桥。城堡遭受敌人攻击时，人们还可以从城堡内将吊桥升起，这样敌人就无法使用这座吊桥了。

● 蓄水池可以收集从房顶流下的雨水。到了中世纪（公元476—1453年）晚期，水井取代了蓄水池，成为最主要的饮用水来源。

3 城堡中最富丽堂皇的房间常常被称为“大厅”。不过，只有在夏季，人们才能使用这间屋子。这是为什么呢？因为在冬季时，人们无法使大厅充分供暖。这时，城堡的居民会“蜗居”更小的房间，以方便取暖。

4 城堡的周围是贸易中心和杂货店。仆人、农民及其他供应城堡必需品的人们常常居住在这里。

5 在许多城堡的外墙上，人们都可以见到木质竖井。起初，它们都与厕所相连，被当作排水管道使用，防止人的排泄物沿城堡墙壁流下来！

● 后来，一些城堡被改造成了宫殿，而另一些则沦为废墟了。到了19世纪，城堡建筑的外观又重新流行了起来，一直延续至今。

城堡如何变身为宫殿

爱尔茨城堡位于德国科布伦茨附近，
是了解中世纪生活的绝佳去处。
从塔楼到蓄水池，这座城堡看起来
仍然和几百年前没有太大差别。

致敬哥特式大教堂！

你知道吗？法国的沙特尔大教堂仅仅花了26年就建好了，也就是从1194年到1220年。这个建造速度在当时一定打破了纪录。而且，沙特尔大教堂的所有建造工作全部都是由建造者手工完成的。那个时候，当然没有任何建筑起重机来为他们帮忙！我们再来看大教堂本身：它不仅比一个足球场还大，而且还和摩天大楼一样高。

也许你会问：为什么要在法国的沙特尔这个小镇上建造如此了不起的工程呢？一种答案是，在哥特时代，修建教堂是一件非常时髦的事情。另一种答案是，沙特尔的居民们拥有一件其他村庄的人没有的东西——一件衣服。不过，这可不是一件普通的衣服，它的主人是耶稣的母亲——圣母玛利亚。圣衣可不能随随便便放在厨房的桌子上向人们展示。在哥特时代，人们需要将这种神圣的物品放在教堂中进行膜拜。而且他们还有另一个目标，那就是要朝着天堂修建高高的大教堂，因为他们认为上帝就住在天堂。

沙特尔的每样东西都是顶呱呱的!

光是在法国，人们就曾修建了80座大教堂!

1 在哥特式大教堂中，人们常常能见到玫瑰窗。它的12根辐条从中心点开始，呈辐射状向外发散。“12”在许多人眼中是一个神圣的数字，所以人们把这种窗户视为一种宗教符号。让我们来想一想：一年有12个月，耶稣有12位使徒，黄道有12宫……是不是很奇妙?

2 “太通透了！”当沙特尔的市民们第一眼看到竣工的沙特尔大教堂，以及它的176扇高大的窗户时，一定发出了这样的赞叹。在哥特时代，人们都希望教堂具有良好的通风性。他们还喜欢彩色的玻璃花窗，因为这些花窗不但能用图像讲述《圣经》中的故事，还能让建筑物更加绚丽多彩。

哥特时期人们最看重的，还是要数各种装饰物。沙特尔大教堂令人眩晕的高处，也装饰着圣徒、动物，甚至还有一些古怪的生物雕塑。下雨时，雨水会从雕塑的口中流出。这种创意不但能祛除潮湿，还有着镇恶驱邪的喻义。这些雕塑之中最令人毛骨悚然的，被称为“滴水嘴兽”。

3 当然，大教堂是需要很多入口通道的。其中最宏伟的通道，名为“正门”。正门通常有拱券和较细的组合柱。正门的顶部有一个弧形区域，它有一个有趣的名字——半月楣。圣徒像一般都被雕刻在这里。这些雕刻被称为“浮雕”，用于帮助人们了解基督教的故事和教义。

哥特式建筑的建筑师进行了许多真正的高科技创新。在大教堂的外部，巨大的飞扶壁对建筑物的墙体起到辅助支撑的作用。在大教堂的天花板上，采用了十字肋来向下连接柱子，这样能使天花板和房顶更加稳定。对于如此密布着窗户的大教堂而言，这些支撑是十分必要的!

与大教堂相比，普通的房屋就显得小多了。

文艺复兴时期的建筑

在法语中，“文艺复兴”（Renaissance）一词的意思是重生。文艺复兴是一场著名的思想解放运动，它发生在14世纪到16世纪的欧洲。生活在这个时期的人们，对于雨后春笋般涌现的新思想惊讶不已。那时候究竟发生了什么呢？一群聪明绝顶的人，翻遍了当时的图书馆，来研究古代作者的作品，其中就包括古罗马诗人与古希腊学者的作品。他们觉得古代书籍的作者们的思想非常引人入胜，并由此发起了一场新的运动，名为“人文主义运动”。人文主义的理论中，人类取代了上帝，成为万物的中心。随着人文主义的发展，出现了一种名为“单点透视法”的绘图技法，这种技法能让人们准确地描绘出空间中事物的图像。

许多文艺复兴的领袖都开创了非常优雅的生活方式，人人都想生活得像古老传说中的神仙那样。因此，他们把房子和乡村庄园都修建得像古罗马建筑一样，葡萄园、小庙宇、华丽的立面，缺一不可。

有一位文艺复兴时期的建筑师，他创造出了能完美反映当时的时代精神的家园。这位建筑师就是安德烈亚·帕拉第奥（公元1508—1580年）。他在意大利威尼斯附近的维琴察城外的一个山丘上建造了一处名为“圆厅别墅”的庄园，这是一件货真价实的文艺复兴珍宝。

1 文艺复兴时期的建筑师们酷爱对称。他们设计的建筑物的立面左侧和右侧就像是在照镜子。帕拉第奥的艺术作品中，方形和圆形是一切的基础。这位建筑大师设计的所有房屋都使用了这两种基本形状。

2 罗马有一位为教皇工作的官员，名叫保罗·阿尔梅里科，他聘请了帕拉第奥来修建圆厅别墅。在文艺复兴时期，修建像庙宇一样的房屋是一件非常时髦的事。房屋的立面展现了房屋主人“现代”的思维方式，也就是人文主义。

3 人们把圆厅别墅中的这种入口称为“柱廊”。圆厅别墅共有4道柱廊，每一道柱廊都包含多级台阶、6根爱奥尼式柱子和位于上方的一道三角楣饰。

4 柱廊的柱子上方有柱顶，它环绕着整座别墅。这里的柱顶形式是上楣，它将整座建筑的不同部分连接到了一起。

5 柱子上方的4个小房顶，看起来就像一些小小的庙宇，中间的穹顶也是模仿古代的建筑而建造出来的。

帕拉第奥与他的庄园

如果仅仅因为你的名字是安德烈亚·迪·皮埃特罗·德拉·贡多拉，并不能说明你就能成为一位著名的建筑师。事实上，在这位德拉·贡多拉先生的建筑才能被发现之前，他已经做了40年的雕刻师。在他成为建筑师之后，他才称自己为“帕拉第奥”。

帕拉第奥设计和建造了80多处庄园、教堂与公共建筑。

莫卧儿式建筑风格

泰姬陵是一座全部采用大理石建成的建筑。它看起来就像是来自阿拉伯故事中的一座魔法宫殿，也许真的是《一千零一夜》里描绘的某座宫殿吧！当你第一眼望去，这座“宫殿”仿佛真的有1001座塔。不过，泰姬陵实际上是一座陵墓，它有22个穹顶和4座宣礼塔，大理石台基占地面积为10 000平方米。下令修建泰姬陵的人名叫沙·贾汗，他是强大的莫卧儿帝国的统治者。莫卧儿帝国是一个辽阔的王国，今天的印度的大部分国土当时都属于这个王国。这位莫卧儿皇帝有一位心爱的妻子，但是她在1631年生育他们的第14个孩子时去世了，所以这位皇帝想要修建一处纪念场所，来纪念自己心爱的妻子。之后的20年里，沙·贾汗的建筑工人们就在阿格拉这座城市，为皇帝失去的爱人建造了一座大理石建筑，来表达这位皇帝对妻子的哀悼。

在此之前，像沙·贾汗这样的莫卧儿帝国的统治者们早就开始招募优秀的建筑师，为他们设计清真寺、陵墓和宫殿。这些建筑师大多数都来自波斯，他们在波斯建筑风格中融入了印度、阿富汗和中亚的理念，最终形成了莫卧儿风格。这一风格在当时展现出无与伦比的辉煌。

泰姬陵：爱的陵墓

联合国下属机构联合国教科文组织已将泰姬陵列为世界文化遗产。

1 泰姬陵的全称为“泰姬玛哈陵”，以这位皇帝的妻子——慕塔芝·玛哈的名字命名，这座陵墓的名字意思是“皇宫中的珍宝”。这里有着严格的布局。

2 泰姬陵的4座宣礼塔大约都有40米高，并且略微向外倾斜。这样在遭遇地震时，宣礼塔便不会倒向中央的建筑物。

3 这座建筑物的内部装饰了28种不同的珍贵宝石。许多信仰印度教的印度人将泰姬陵看作爱的象征，所以，尽管泰姬陵是一座穆斯林建筑，印度教徒也依然会到访这座陵墓，为他们的爱献上特别的祝福。这无疑是不同宗教之间友谊的典范。

4 莫卧儿人喜爱有水道的对称式花园。泰姬陵的旁边就有这样一座花园，一座所谓的“天堂花园”。它的形状是规则的正方形，面积为90 000平方米。

5 精心雕镂的灰泥粉饰，优雅的柱子、塔楼、穹顶，这些都是典型的莫卧儿式风格，而且那时的人们认为这些装饰和结构在建筑中越多越好。

6 泰姬陵的立面装饰着阿拉伯式蔓藤花纹，这一装饰代表的是伊斯兰艺术中缠绕的植物卷须。

7 如今，这些精致的大理石必须要加以保护，才能免受空气污染的影响。由于车辆会排放出有害的尾气，所以在距离泰姬陵2000米以内的地方都不允许车辆行驶。

据推测，大约有2万名工人参与了沙·贾汗的这座大理石陵墓的修建。

5

美丽、浮夸的巴洛克风格

公元1600年左右，罗马的建筑师们开始用一种新的风格来设计教堂和庄园。他们设计的建筑是什么样子的呢？这些建筑拥有弧形的穹顶、硕大的柱子、华丽的装饰！他们认为，把建筑修建得越豪华越好。整个欧洲大地上，无论是国王还是教会领袖，都爱上了这种花哨的建筑风格。宫殿、政府大楼、修道院纷纷拔地而起。有人给这种新的风格取了一个名字——巴洛克。这个词来自葡萄牙语，意思是“形状不规则的珍珠”，后来，人们又用它来称呼一切制作精心并且富丽堂皇的东西。时装与音乐也同样随着时代发生了变化——蓬松的裙子、盛大的乐队，都成了这些华丽的新建筑的理想搭配。

有一位国王对巴洛克风格特别感兴趣，他就是法国的路易十四。从1661年开始，他在凡尔赛这个距离巴黎20千米的小村庄为自己修建了一座新的宫殿。他的父亲，即路易十三，曾在此处修建过一处小型庄园，路易十四则将它改造成了一座规模无比宏大的建筑，实际上这里已经成了一座皇城。不过，路易十四决定修建这一切的目的还是为了炫耀自己，他称自己为“太阳王”。

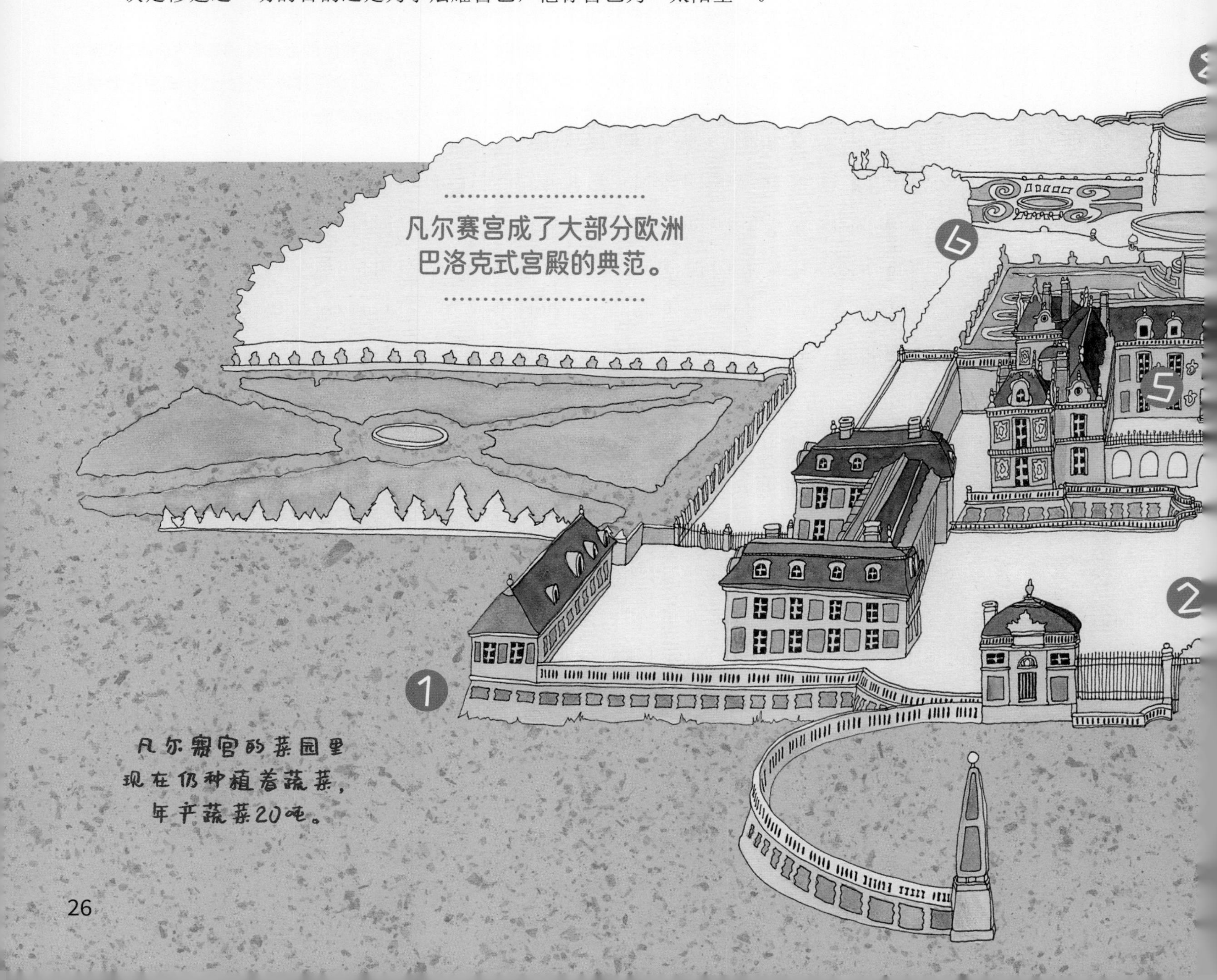

富丽堂皇的凡尔赛宫

1 凡尔赛宫的最宽处超过500米。

2 当然，修建凡尔赛宫花费了很长的时间。在这座庞大宫殿的原址上，原本矗立的是一座普通的狩猎行宫。

3 路易十三国王建造的庄园属于早期巴洛克风格。它迷人的砖石立面上，宽大而优雅的窗户十分引人注目。后来，在这座最初的建筑物四周，人们又修建起了庞大的宫殿，使其看上去要更加雄伟、坚固和冷酷。

4 在凡尔赛宫最辉煌的时期，宫殿容纳了1000多人居住，这些人中既有许多贵族，也有工匠、仆人和皇家侍从。

5 然而，宏伟并非总是意味着舒适。凡尔赛宫里巨大的房间很难供暖，通风状况也很差。凡尔赛宫的建造者们在修建这座宫殿时甚至没有掌握安装室内厕所的技术！

6 “太阳王”不仅想要一座美轮美奂的宫殿，还想控制自然界。因此，他在这里修建了欧洲最大的巴洛克花园。

凡尔赛宫的雕塑、装饰板条与立面呈现出各种浮夸的造型，这些都是典型的巴洛克式风格。

7 在凡尔赛宫的内部，灰泥粉饰与涂料装饰营造出了鲜明的巴洛克式风格。宫殿的墙壁上布满了用灰泥制作的雕刻作品，并且当时的人们认为它们越是歪歪扭扭的才越好。

8 凡尔赛宫的设计表现出了惊人的对称。如果我们走到这座宫殿的中央，再举目远眺整座宫殿，我们就会发现，它的左侧与右侧完全就像是在照镜子。

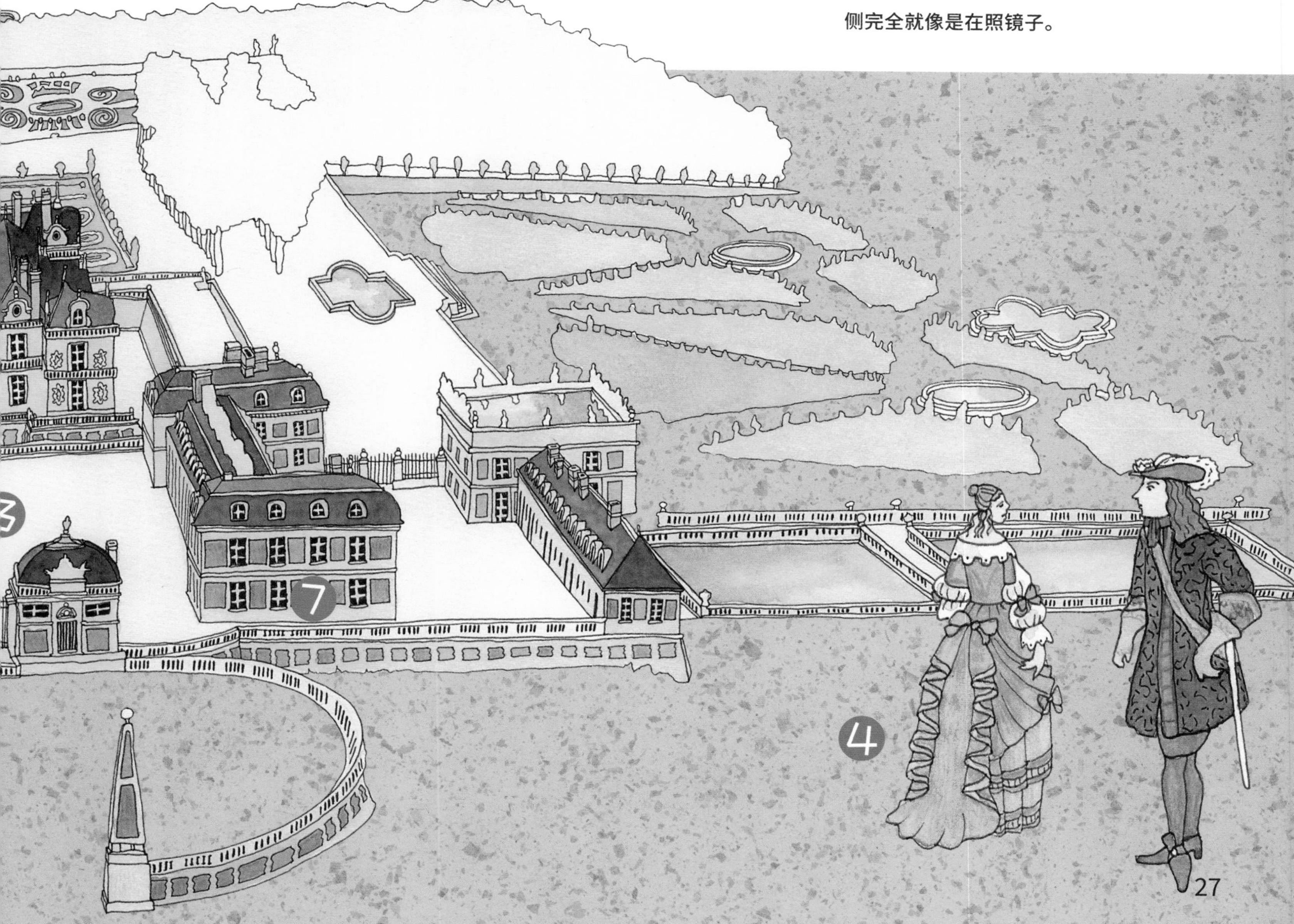

新古典主义建筑

在18世纪的大部分时期，欧洲人最喜爱的建筑风格是什么呢？那就是花哨的巴洛克式和洛可可式建筑！这些建筑豪华、奢侈，包含各种华丽的装饰，比如石膏贝壳、树叶、漩涡形装饰和花饰等。但是有一天，大家又忽然觉得这一切太让人厌倦了！当然，这种品位上的变化并非独立出现的。新思想在当时开始传播，于是，一些聪明的人开始改变大家对于艺术的看法。

公元1770年左右，德国学者约翰·约阿希姆·温克尔曼提出了一些想法，这些想法后来为许多人带来了灵感。在这之前，温克尔曼去过几次意大利，并且迷上了古罗马建筑那种清晰、理性的美。于是，他写了一本关于这些建筑的书，这本书极为畅销，刮起了一股喜爱一切古罗马和古希腊事物的狂热之风。一切“古风”的东西都开始流行起来，包括时装、图像、语言、哲学，以及建筑。很快，整个欧洲都出现了热衷于“重新创造”这一风格的建筑师。其中一位的名字叫卡尔·弗里德里希·申克尔（公元1781—1841年），他在当时的普鲁士王国的国王手下工作，普鲁士王国位于现今德国北部。申克尔创造的这种复古的风格，就是新古典主义。

1 申克尔设计的音乐厅位于德国柏林的御林广场，于1821年对外开放。那时，他已成为普鲁士的明星建筑师，并且已经采用新古典主义风格改造了这座城市的许多地方。

2 这座音乐厅的柱廊，也就是与建筑物前方相连并带有柱子的小门廊，看起来就像一座小型的希腊神庙。

• 申克尔对这座音乐厅的设计是以古代的先例为基础的，这个先例就是建于公元前340年的雅典忒拉绪洛斯纪念堂。

3 柱子、柱头和丰富的纵横装饰，都是新古典主义风格的重要特征。

4 在设计这座建筑的立面时，申克尔使用了与墙体相连的柱子，这种部件的术语是“嵌墙柱”或“壁柱”。

5 这座建筑的柱廊顶部有一道三角楣饰，并且采用了青铜浮雕进行装饰，描绘了古希腊故事中的人物与场景。

当时甚至连时装都受到了效法古风的影响，不过这仅仅针对女性。新古典主义时期的男性并不穿托加长袍。

我们是在罗马，还是在雅典？

6 台阶上和三角楣饰上的青铜像在阳光的照射下闪闪发光，与砂岩材质的建筑立面形成了有趣的对比。

7 与希腊的帕特农神庙一样，参观者也需要爬坡才能到达这座建筑的入口。经过设计，音乐厅中的所有东西都完全对称，从而更加具有古典风格的特征。

几乎没有任何建筑师能像申克尔一样，在如此短暂的时间内，在一座城市里设计了如此多的建筑。

哥特复兴式建筑风格

你曾经想过去一座中世纪的城堡里生活吗？在19世纪，人们就非常向往过去的建筑物。那时的欧洲，人们的生活方式正在经历着变革。革命、战争推翻了传统的欧洲君主专制。此外，随着工业革命的发展，欧洲的城市规模也在迅速扩大。在这些变革之下，人们不得不从旧时光的那些知名的艺术风格中去寻找安全感。在英格兰，最受欢迎的复古风格就是哥特式。英格兰人民已经见惯了中世纪的哥特式建筑，因此，建筑师们决定创造出一种新的哥特式风格，即“新哥特式”，也称“哥特复兴式”。

1834年，伦敦雄伟的议会大厦，也就是威斯敏斯特宫，被大火烧毁了。这一事件为新建筑的诞生铺平了道路。那时候，大多数政府大楼都是按照法国新古典主义风格设计的，不过法国艺术在当时并不受英国人的欢迎，因为英国和法国不久前还在拿破仑战争中相互厮杀。所以，新的威斯敏斯特宫在那时将采用“纯英国”的“新哥特式”风格来建造，由英国建筑师查尔斯·巴里负责设计工作。1840年，伦敦最伟大的地标建筑之一就这样破土动工了。

5

3

2

重达13.5吨的大本钟，是威斯敏斯特宫最重的一口钟。

过一过中世纪风格的上流社会生活

1 威斯敏斯特宫最初是皇室住宅，始建于公元11世纪。后来，它成为英国议会的所在地。议会是英国政府的立法机关。威斯敏斯特大厅（也叫“西敏厅”）是威斯敏斯特宫现存的最古老的部分。这座大厅修建于1097年，后来又于1394—1401年进行了改造，大厅里著名的木梁屋顶（锤梁结构）就是在这时建造的。

2 重建的威斯敏斯特宫采用了哥特式支撑。有了这些细细的垂直结构，建筑的立面看起来就像被绳子向上拉着一样。这是哥特式建筑的典型特征。

3 这座议会大厦有许多狭小的窗户、隔间、排水口和塔楼，因此它整体看起来尖尖的，像是由许多个小格子拼成的。

4 长长的威斯敏斯特宫内有许多塔楼。其中最著名的一座，安放着一口名为“大本钟”的巨大时钟，它每15分钟便会敲响一次。大本钟的钟声常被人称为“不列颠之音”。

5 砂岩很容易因空气污染而受损，因此，在修建威斯敏斯特宫时，建造者最初使用的是石灰岩。这种石头质地较软，容易进行雕刻。对于这座需要精美雕刻和装饰的建筑而言，这正是一种完美的材料。

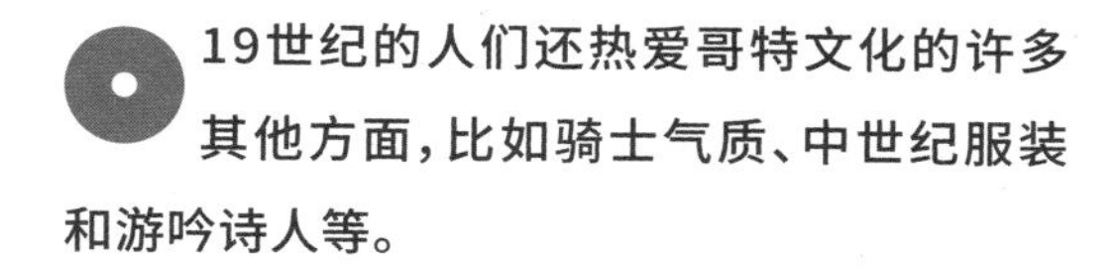

19世纪的人们还热爱哥特文化的许多其他方面，比如骑士气质、中世纪服装和游吟诗人等。

中世纪风格的屋顶、花哨的垛墙，这些都是新哥特式建筑的重要特征。

实用又美观的工业建筑

1789年，法国大革命正在巴黎轰轰烈烈地展开，传统的国王们与女王们的生存受到了威胁。不过，此时的英国却正在开展一场性质不同的革命，这就是工业化的开始。英国煤炭储量丰富，英国人当时正用他们的煤来为高炉加热，生产钢和铁。这些生产技术非常具有革命性，可以帮助人们建造出更大、更复杂的建筑物。

1851年，人们在英国举办了第一届世界博览会，后来又在不同国家定期举办这一活动。举办这项大规模的博览会，目的是展示建筑、工程技术与材料科学领域里最新的发明创造成果。通常，最为壮观的“工业时代”建筑都是为了世界博览会而建造的。同时，博览会上也有舞蹈与音乐表演。19世纪的这些博览会在某种程度上转移了人们的注意力，减少了人们对工厂工人们和矿工们艰难处境的关注。然而，正是这些工人们的努力促进了工业革命的诞生与发展，但是他们却不得不常常在恶劣的条件下辛勤劳作。

自由女神像重达204吨，右臂长12.8米。

19世纪的建筑师们是使用钢铁的艺术家。

钢铁新世界

1 为了在两个国家之间建立起友谊，法国人民向美国人民赠送了自由女神像。这是一座由钢铁和铜制作而成的巨大建筑。

这座雕像的设计者是谁呢？他就是雕刻家弗雷德里克·奥古斯特·巴托尔迪。自由女神像先在法国建造完成，经过拆卸后通过海路运送到美国纽约，于1886年在纽约落成。从那以后，它便一直矗立在那里。

2 这位巨大的"钢铁女士"代表的是罗马的自由女神——利柏耳塔斯。为了使自由女神像保持稳定，设计者巴托尔迪还得到了一个人的帮助，这个人就是埃菲尔铁塔的建造者——古斯塔夫·埃菲尔。

3 1781年，世界上第一座铸铁制成的拱桥在英格兰中部落成。这座桥就是英国铁桥。它位于小镇科尔布鲁克代尔附近，这座小镇是工业革命的发祥地之一。这座铁桥的建造材料来自科尔布鲁克代尔镇上的一家著名的铁厂。

4 这座铁桥由1736块铸铁部件构成。但遗憾的是，它的结构强度不足以承受重型汽车或卡车的重量，所以从1934年起，人们就禁止车辆在这座桥上行驶。

这座大桥的设计表明，铁质结构可以做到既实用又美观。

5 古斯塔夫·埃菲尔将塔楼的功能性与工业时代的装饰元素进行了结合。他设计的这座独特的建筑拉开了1889年巴黎世界博览会的帷幕。至今，埃菲尔铁塔仍然是巴黎这座城市的标志性建筑，每年来此参观的游客多达数百万。

6 埃菲尔铁塔由18 038件铁质预制件组成。这些预制件被送达现场后，通过铆接（而不是焊接）被组装在一起。

7 铁塔第一层下方的大拱虽然只起装饰作用，但它造就了埃菲尔铁塔独特的外观。埃菲尔铁塔和自由女神像一样，是工业革命时期非常著名的标志性建筑。

用石头作植物的新艺术运动

大约140年前，在城市里，工厂和其他工业建筑已经非常常见。这些巨大的建筑物常常修建在像神庙或城堡一样的旧房子旁边。对于当时的人们而言，华丽的房屋已经过时了，而工业建筑又给人一种冷酷、疏远的感觉。许多建筑师想要让城市的面貌焕然一新，使建筑物融入大自然。于是，他们在修建的过程中为房屋配上了看起来像花朵和藤蔓的装饰物。最重要的是，所有的这些建筑中，没有哪两座是完全相同的。

不同的国家为这种新风格取了不同的名称：新艺术、现代主义、分离派、青年风格、艺术与工艺运动……这些艺术家们把房屋、地铁站、售货亭、浴室，甚至日常用品，都塑造成了像是从自然界中生长出来的样子。其中一位艺术家就是西班牙建筑师安东尼奥·高迪（公元1852—1926年），他从1883年开始在西班牙的巴塞罗那修建圣家族大教堂，并且凭借这个作品取得了超越其他建筑师的成就。

1 如果不仔细看，圣家族大教堂就仿佛是一座用湿沙子堆起来的城堡。这座教堂总共将有18座尖塔，其中一座高达170米，它将成为整个欧洲最高的教堂尖塔……

2 为什么说“将成为”呢?因为一个令人惊讶的事实是，圣家族大教堂到目前为止仍然没有完工！按照人们的估计，它将于2026年竣工。现在，这项工程每年需要投入大约2200万欧元（约合1亿6000万人民币）！

为了让这座不规则的建筑保持稳定，不出现倒塌，建筑师高迪采用了一种特别的静力学方法。他在大自然中发现了一种形状，这种形状虽然全部由直线构成，但看起来却是弯曲的。他将这种形状融入这座建筑的设计中。高迪还采用了中世纪建筑师在修建哥特式大教堂时所用的技术。

3 这座教堂的东立面已经完工，这里装饰着描绘耶稣诞生场景的雕塑。高迪为这座教堂倾注了毕生的精力，付出了43年的辛劳。教堂其余尚未完工的部分，看起来就像一片满是起重机的巨大建筑工地（这些起重机还真有一点儿像教堂的尖塔）。

4 这座十字形教堂的内部看起来就像一片丛林地带，里面遍布植物形状的石头、螺旋式楼梯和扭曲、凹陷的空间。

5 阳光透过五颜六色的玻璃窗照进了这座教堂，教堂里面五光十色，为这座建筑物增添了一份神圣感。

如果圣家族大教堂能按时竣工，到那个时候，它的建筑工期已长达143年！

高迪的
高耸入云
之梦
高迪在一次
有轨电车事故中
去世。
1
2
3
4
5

装饰艺术风格的建筑

20世纪初，各种新艺术“运动”遍地开花。立体主义画家们正在把一切都“切得粉碎”；未来主义艺术家们正在将人和物体都变成流线型；表现派艺术家们正在用浓烈、艳丽的颜色来描绘自己的感情；新艺术风格的建筑师们则正着迷于曲线型和植物状外形的建筑。

到了20世纪20年代，人们开始将这些艺术运动中的精华部分进行融合，形成了一种十分奢华、吸引眼球的艺术风格。这种新风格的产物常常采用不同种类的材料，其中就有机械化生产的工业产品。这些产物工艺精湛，还带有一些奢华感，这便是这种艺术风格的突出特点。很快，这种花哨的“装饰性”艺术获得了一个花哨的名字：装饰艺术风格。

装饰艺术风格起源于欧洲，主要在巴黎与维也纳盛行。不过，它很快就传入了美国。美国的电影从业者爱上了这种新风格，制作了数百部带有装饰艺术风格布景的电影。人们还想将美国的城市采用装饰艺术风格进行重塑。其中，受这种新风格影响最大的，莫过于纽约市。装饰艺术风格的摩天大楼，如1930年建成的克莱斯勒大厦，就改变了纽约的天际线。

1 克莱斯勒大厦高319米，曾经在整整1年的时间内都是全世界最高的建筑。1931年，高达381米的帝国大厦建成，从此取代了克莱斯勒大厦世界最高建筑的位置。

2 克莱斯勒大厦的尖塔非常引人注目，它顶冠的6层楼均为不锈钢材质。

3 当时，克莱斯勒大厦的开发者之一——建筑师威廉·范·阿伦，正在和曼哈顿银行大厦的建造者们进行竞赛，看谁能修建出纽约最高的摩天大楼。在比赛期间，范·阿伦将自己要建造的这座大厦的尖塔藏了起来，先完成大厦的其他部分。最终，当这座重量较轻的尖塔（还带有可延伸的天线）被安放好后，范·阿伦就赢得了这场竞赛。

4 克莱斯勒大厦的修建还融入了翼子板、引擎盖装饰和轮毂盖！沃尔特·P.克莱斯勒希望用这座摩天大楼来展示自己的公司（克莱斯勒公司）生产的汽车产品。

5 这座高层建筑的内部极为奢华，配置了18部电梯。

6 这座大厦的框格窗至今仍保持着原来的样子，而且即使是在第77层，也仍然可以打开这些窗户。

• 克莱斯勒大厦的修建速度快得惊人。这座建筑于1928年9月开工，1930年5月就竣工了。不过，也正是在这短短的一段时间内，美国的经济从繁荣进入了大萧条。纽约的建筑热潮也很快就走到了尽头。

7 克莱斯勒大厦在夜晚采用荧光进行照明。这种照明方式让这座摩天大楼成为纽约的一处绚丽多彩的标志。

人们建造克莱斯勒大厦除了使用了29 961吨钢外，还使用了3 826 000块砖。这座大厦有大约5000扇窗户。

装点世界的美丽风格

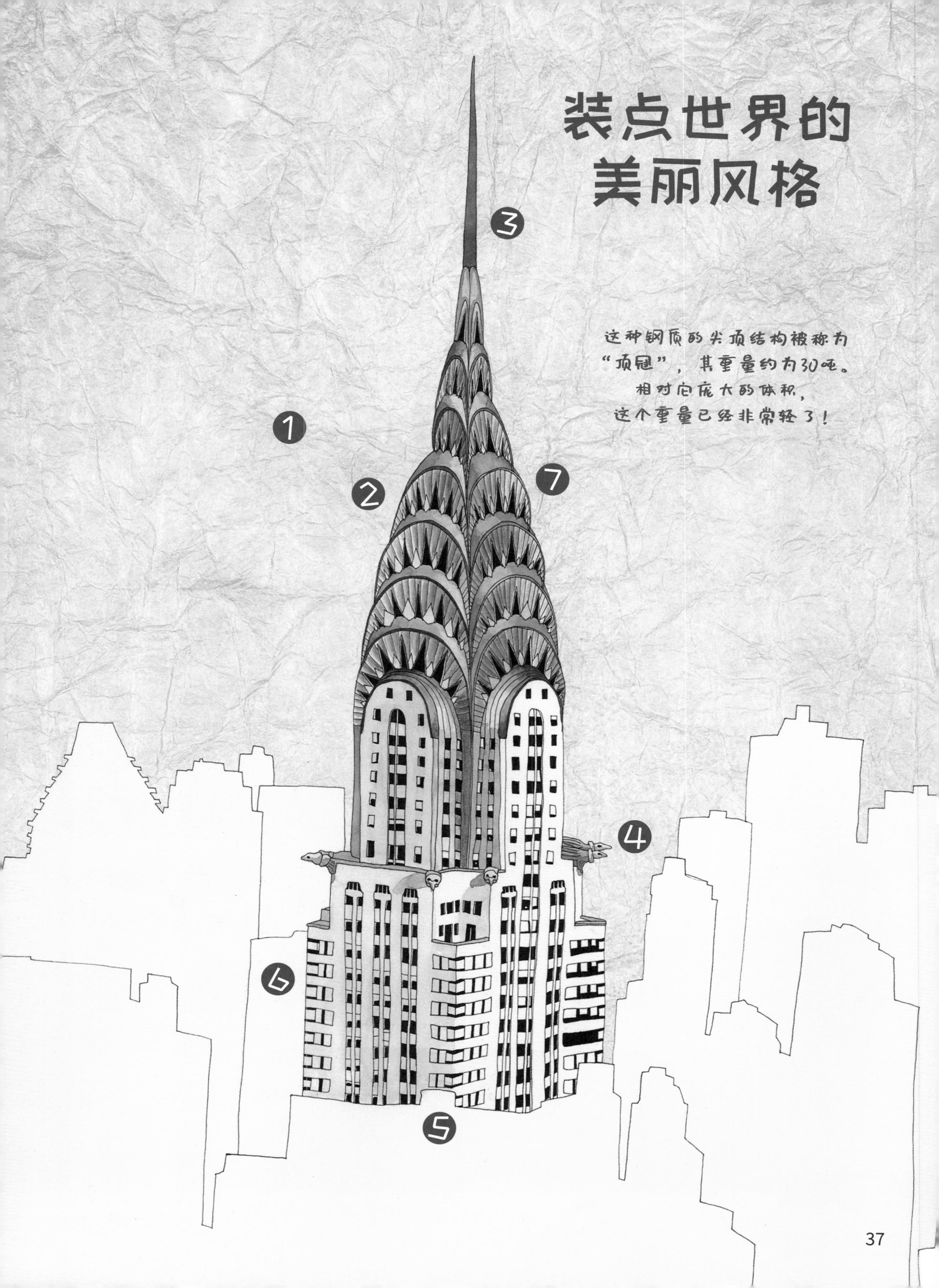

这种钢质的尖顶结构被称为“顶冠”，其重量约为30吨。相对它庞大的体积，这个重量已经非常轻了！

包豪斯风格的建筑

1925年，在德国的德绍，建筑师瓦尔特·格罗皮乌斯为一所艺术、建筑与设计学校设计了一座新的大楼。他设计的这座建筑外观极为新颖，并且完美地适应了它的功能需求，即在大楼外的人们能够看到在大楼内的人们正在做什么。这种“开放”精神，反映在这座建筑用玻璃建造的巨大“墙体”上。这种墙体不仅能使大楼的内部十分明亮，还能让大楼里的人觉得自己像在大自然中生活与工作。格罗皮乌斯的设计不仅影响了当代的一些建筑师，还影响了之后的好几代建筑师。

这所新的学校名叫“包豪斯”。在这座建筑里面，既有工作坊、办公室、教室，还有学生公寓。当时，格罗皮乌斯希望自己设计的建筑能够反映出包豪斯学校的老师们所教授的新艺术形式。这种设计既实用又美观，它的突出特点包括使用现代化材料和几何形状，同时也避免了滥用装饰。包豪斯学校的老师们，包括建筑师密斯·凡·德·罗、舞台设计师奥斯卡·施莱默等，都将自己视为新艺术生活的开拓者。没过多久，他们便受到许多欧洲人士的模仿和追捧，后来又影响了美国和其他地区。包豪斯风格带来的这些影响使其后来被称为“国际主义风格”。

1 从外观看，包豪斯大楼由多个不同的建筑结构（也称为“翼楼”）组合而成。其中的一座翼楼作为工作坊大楼，另一座翼楼作为学生公寓楼，还有一座翼楼作为教学楼。所有这些翼楼通过一座“浮桥”进行连接。

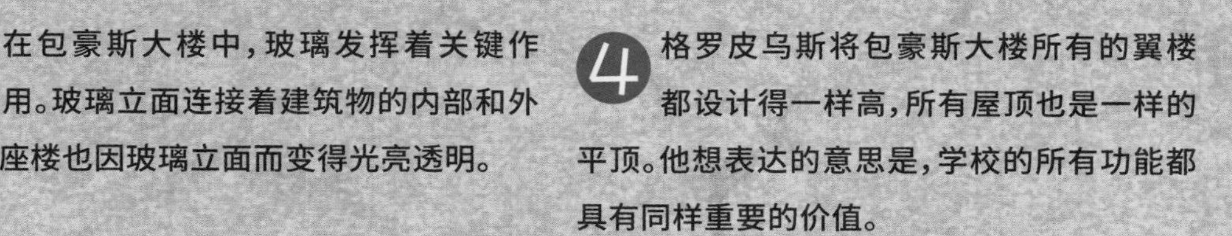

2 在包豪斯大楼中，玻璃发挥着关键作用。玻璃立面连接着建筑物的内部和外部，整座楼也因玻璃立面而变得光亮透明。

3 这座大楼有些地方的立面未使用玻璃或钢材，这些地方大部分被粉刷成白色。精致的阳台向外延伸了出来。一切都被设计成看起来几乎没有重量的样子。

4 格罗皮乌斯将包豪斯大楼所有的翼楼都设计得一样高，所有屋顶也是一样的平顶。他想表达的意思是，学校的所有功能都具有同样重要的价值。

5 第二次世界大战期间，工作坊翼楼的部分玻璃立面遭到破坏，后于1976年重建。它最初是用一种能在阳光下闪闪发光的玻璃制成的。

- 由于纳粹德国政府排斥现代艺术建筑，所以包豪斯学校于1933年关闭了。

- 包豪斯艺术家们做了充分的准备，从废纸篓到牙签，一切都从头开始设计。所以，当你看到包豪斯学校里几乎所有的家具和餐具都是为这所学校而专门设计的时候，千万不要感到惊讶！

为现代艺术学校设计的现代“房屋”

从1996年到2006年，
德绍包豪斯学校花费了约1700万
欧元（约合1亿2000万人民币）
进行重建。

包豪斯学校已被联合国教科文
组织列为世界文化遗产。

粗野主义风格的建筑

在法国东部孚日山脉的山脚下，有一座几个世纪以来都被人们视为圣山的小山丘。它位于名为“朗香”的村庄上方，人们曾经在这里修建过许多教堂，并且一直以来都有基督教的朝圣者们来这里进行朝拜。20世纪50年代，瑞士裔法国建筑师勒·柯布西耶受到邀请，在这座山丘上修建了一座新的朝圣教堂。不久之后，他所设计的这座教堂就成了一座标志性建筑。

朗香圣母教堂采用实心的清水混凝土修建而成。这种材料在当时还比较新颖，柯布西耶对它非常着迷。对他而言，混凝土代表着未来。除了是建筑师以外，柯布西耶还是一位雕刻家、画家、城市规划师、家具设计师和作家。他把自己创造的建筑物设计成了一件件艺术品，它们外观朴素、功能完善，并且绝对独一无二。从外观上看，朗香圣母教堂也与世界上的其他任何教堂都不一样。它的墙体厚实、有弧线，一扇扇窗户像一道道裂缝，屋顶厚重、倾斜，塔楼没有窗户，这些特征使朗香圣母教堂看起来很像一座防御性堡垒。所以，自然而然地，柯布西耶创造的这种风格被称为“粗野主义”。就连“粗野主义”这个词本身，也来源于柯布西耶极为推崇的这种混凝土材料的名字。

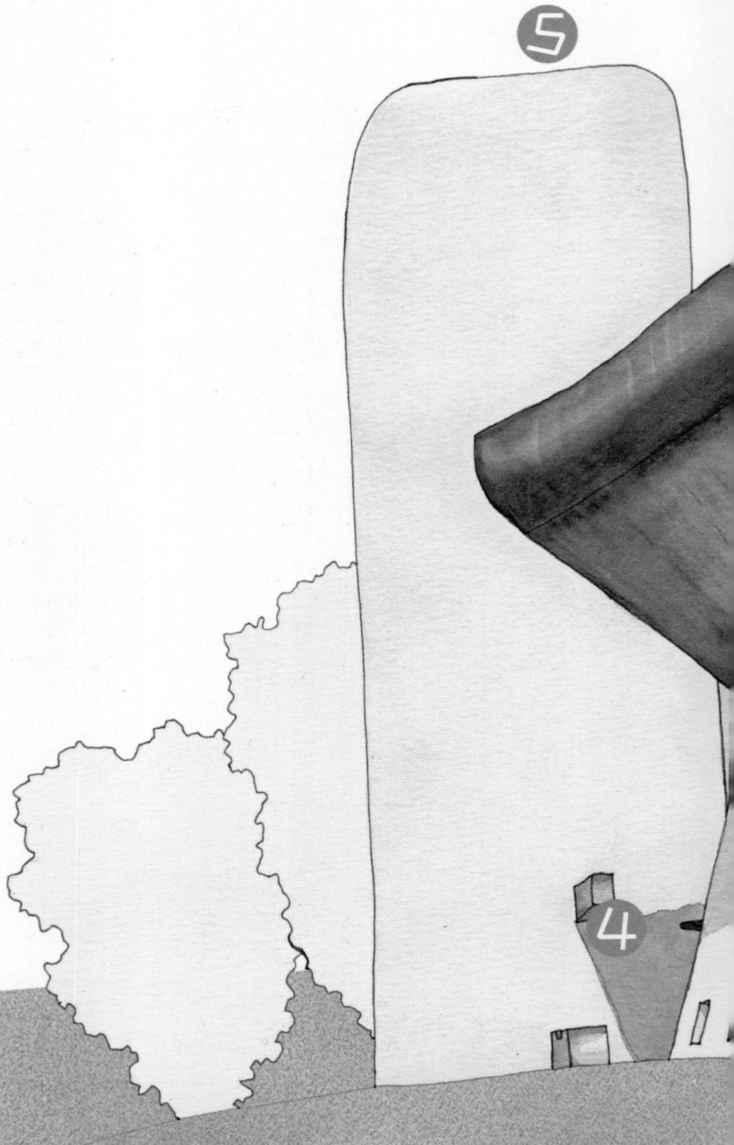

5

4

1929年，勒·柯布西耶设计了一把椅子，它至今仍在生产。

1 朗香圣母教堂的房顶由两个混凝土外壳组成，整体看起来就像是给墙体戴上了一顶帽子。

2 它厚重的外墙呈弧线型，有些地方向内凹陷，有些地方又向外凸出。东边的墙体被设计成了一座露天教堂，有祭坛、拱廊和圣坛，可容纳1200位朝圣者。不过，建筑物内部只能容纳200人做礼拜。

朗香——混凝土的艺术

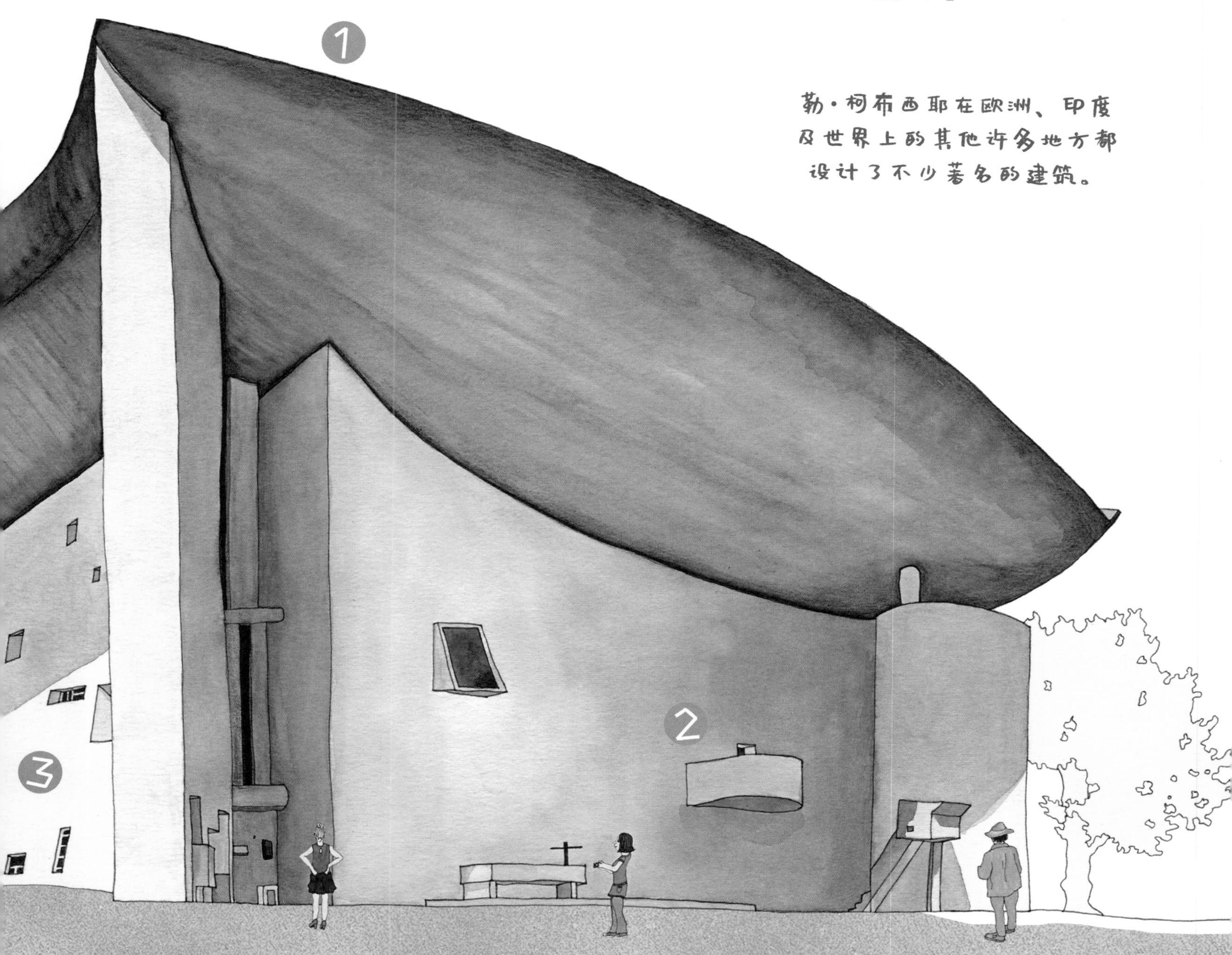

3 这座教堂的南墙有20多扇不同的彩色窗户，它们有的像细小的裂缝，有的呈长方形，形状和大小各不相同。这些窗户为洞穴般的教堂内部提供了漂亮又充满神秘色彩的光线。

4 在朗香教堂的南侧，勒·柯布西耶还设计了一扇带搪瓷钢板的门。除窗户外，这是教堂中唯一的彩色部件。

5 教堂圆形的塔楼看起来有一点儿像被切成两半的面团。

• 在这座教堂里，没有任何两个部分完全相同。勒·柯布西耶说，自己的设计是一种"非理性和雕刻式风格"，目的是不断给人们制造惊喜。

蜗牛壳里的艺术

1943年，建筑师弗兰克·劳埃德·赖特（公元1867—1959年）接受了美国艺术品收藏家所罗门·R.古根海姆的委托，为这位收藏家修建一座博物馆，用来存放他数量众多的绘画藏品。此前，他的绘画藏品一直放在一间酒店的房间里！这座新的博物馆计划修建在纽约市的市中心，并且藏品捐赠者都希望这座博物馆能在钢铁与玻璃摩天大楼和砖质房屋中脱颖而出。然而，在这座到处都是棱角分明的箱形建筑、喧闹又繁忙的城市中央，怎样设计才能让这座博物馆引人注目呢？答案就是：创造一座纯圆形的、像厚厚的蜗牛壳一样的建筑。

赖特先生以设计与大自然相协调的房屋而著名，他的作品有时也被称为“有机建筑”。尽管纽约市内并无多少来自大自然的事物，但是古根海姆博物馆仍然看起来就像是从那里“自然生长”出来的一样。古根海姆博物馆于1959年首次对外开放，至今仍是全球最震撼人心的建筑之一。

赖特先生为古根海姆博物馆所作的早期设计中还有一座塔楼。20世纪90年代，人们从他的这些早期设计中找到灵感，修建了这座博物馆现在的塔楼。

1. 这座博物馆的主体由两个被称为“圆形大厅”的基本结构组成。较大的圆形大厅用于展示艺术品；旁边是较小的圆形大厅，里面包含办公室和储存室。后来，这里还增盖了一座小塔楼。

2. 古根海姆博物馆的外部为明亮的白色。在它的内部，光线通过玻璃屋顶像瀑布一样洒落下来，照亮整座建筑。

3. 在博物馆里，参观者沿着一条缓慢上升的坡道进行参观，一直可以走上好几层楼。这条坡道同时也是展品的陈列空间。在博物馆中向上行走时，人们会有一种正在探索艺术品“大山”的感觉。

4. 有时候，人们也会见到一些房间偏离了这条螺旋形的展览坡道。在为这座博物馆进行室内设计时，赖特先生头脑中浮现的是一种与柠檬内部相似的形状。

5. 曾经有艺术家抱怨，赖特设计的博物馆太过花哨，抢走了他们艺术作品的风头。而如今，某件作品能在受人尊崇的古根海姆博物馆进行展出，对创作者来说是一种莫大的荣耀。

6. 弗兰克·劳埃德·赖特创造了一种新的美国建筑风格。在他的设计中，所有建筑物都有一个供众人聚集的中心区域。在赖特设计的住房中，这个区域常常紧邻壁炉。

低调却引人注目

弗兰克·劳埃德·赖特
在绘制了700幅草图后，
才得到古根海姆先生的认可。

宇宙飞船式建筑

20世纪60年代，世界各地修建的住宅大多都是棱角分明的箱形结构。这些房屋被设计得非常实用，也便于修建。但是，几乎没有什么人真正喜欢这些房屋。许多人觉得自己住的房屋很丑陋，因为它们所采用的材料是当代最受欢迎的“实用”材料——混凝土。当这些房屋被修建成高层公寓时，所有的楼层看起来几乎一模一样。

不过，每当某种行为方式占据主流时，总会有一些追求与众不同的人出现，他们会发起反向运动。当时，许多建筑师想采用一种未来主义的建筑风格，这种风格不需要各种边边角角。他们还想用自己设计的建筑来讲述独一无二的故事。这些建筑师拒绝设计标准化的“积木堆式建筑”，所以他们常常被称为“乌托邦主义者”“怪人”“预言家”或“梦想家”。不过幸运的是，这些人中的一部分得到了修建大型工程项目的机会。这样，他们就可以通过这些工程来实现自己的想法。

丹麦建筑师约恩·乌松（公元1918—2008年）就是其中的一位。他设计出了悉尼歌剧院，这让他本人和澳大利亚的悉尼这座城市都声名远扬。不过，在施工过程中，由于耗费时间过长、费用过于昂贵，甚至连委托乌松修建悉尼歌剧院的客户都想打退堂鼓。最终的结果是，整个施工时间达到了原计划的两倍那么长，支出的费用高达原计划的15倍！然而，现在没有人会再考虑这些问题了，这座建筑已经被联合国教科文组织列为世界文化遗产。

2003年，乌松当之无愧地获得了建筑领域的奥斯卡奖——普利兹克奖。

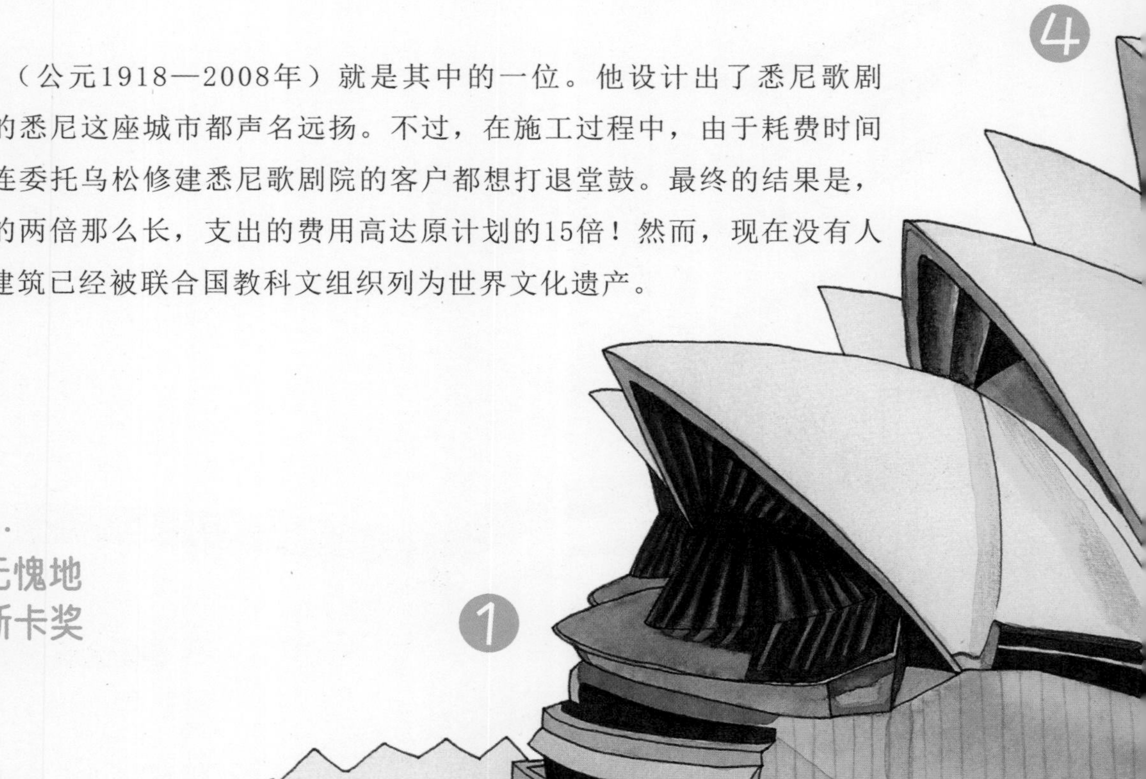

1973年，作为澳大利亚君主的伊丽莎白二世女王参加了这座建筑的落成揭幕典礼，但约恩·乌松却没有被邀请参加这次典礼！

澳大利亚的时尚地标

1 悉尼歌剧院坐落于一座海港内的半岛上。从远处看，它的轮廓就像一艘帆船；走近看，它好像是许多被人小心翼翼地剥了皮的橘子瓣。

2 乌松在起草设计图时，是不是想起了他的童年呢？乌松成长于一个造船之家。悉尼歌剧院的风帆状屋顶看起来就像是鼓满了风一样，每一个屋顶上面都布满了瑞典白陶瓦。雄伟的屋顶高达67米，高高耸立在空中。

3 1930年，乌松一家人到瑞典首都斯德哥尔摩参观了一次设计展。回家之后，他们就把家里一切暗色的东西都换成了亮色的。所以，当看到乌松设计出这样一座明亮通透的作品时，你还会感到惊讶吗？

4 这座建筑于1959年开始施工。它的屋顶结构的曲线非常精致，为此，建筑师不得不进行好几次曲线的计算。那时候，还没有计算机能完成这样的工作，所以，直到1973年整座建筑才竣工！

随着施工工期越来越长，费用越来越昂贵，乌松与他的客户之间的关系也越来越糟糕。最终，乌松于1966年辞去了在这项工程中的职务，由另一个建筑师团队来继续完成悉尼歌剧院的建造工作。

5 为了节省开支，新的建筑师团队否定了乌松为这座建筑内部所提供的许多装饰方案。如今，悉尼歌剧院的内部装饰仍无法真正与它迷人的外观相匹配。尽管如此，这座建筑综合体仍然吸引着众多游客，游客们在此不仅能参观到一座歌剧院，还能参观到一座音乐厅和好几座剧场。

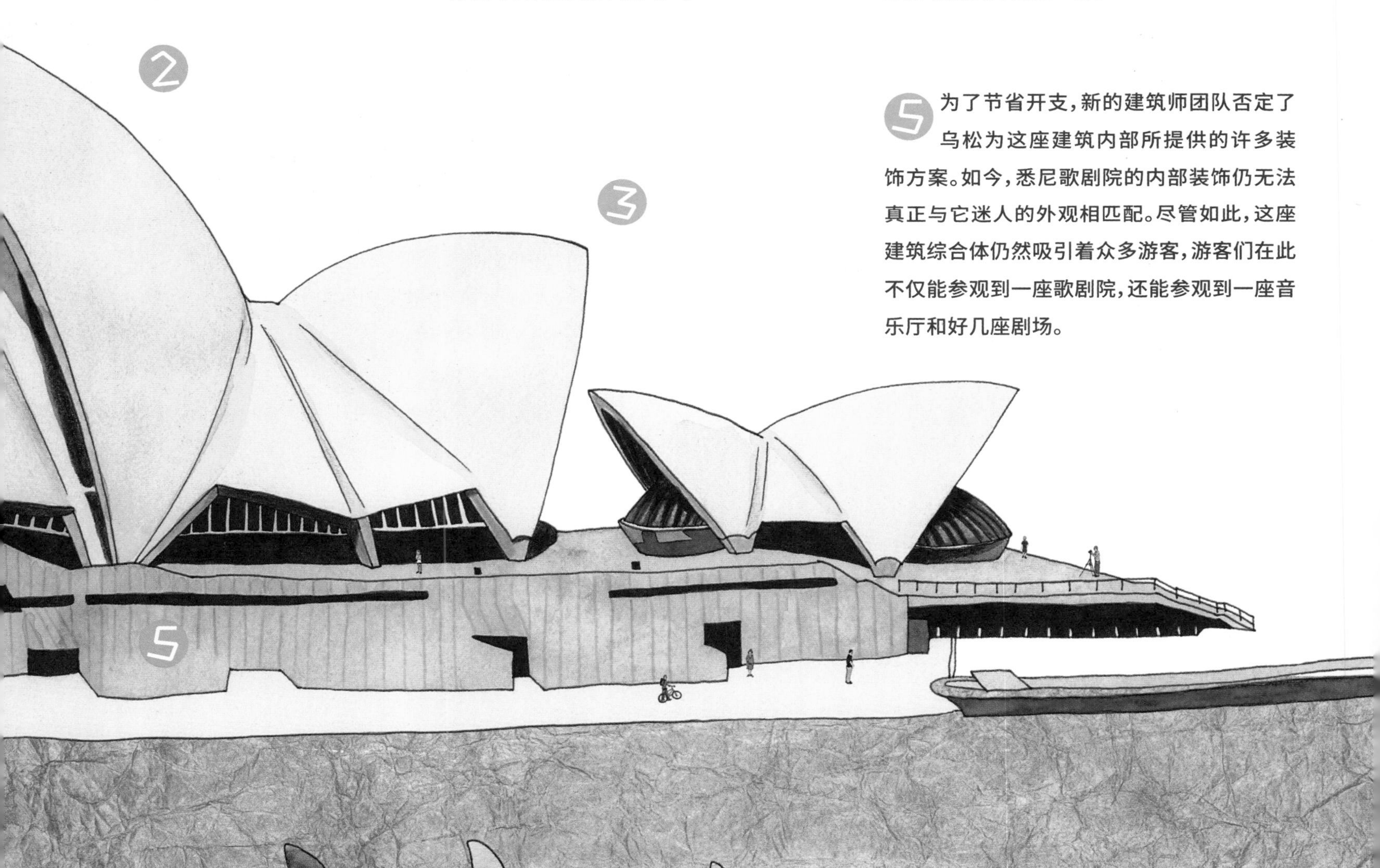

会发芽的建筑

20世纪七八十年代，人们越来越担心环境问题。环境污染和人类造成的其他问题正在破坏着大自然，人们对此感到忧虑。许多人加入“环保运动”的行列，努力地保护大自然。还有一些人，他们只是想要自己身边能有更多来自大自然的事物，甚至希望这些事物在他们的居住空间里也存在。

有一位艺术家就与环保主义思想一拍即合，他就是奥地利建筑师佛登斯列·汉德瓦萨（又称“百水先生”）。他把自己闻名世界的建筑风格称为“植物风格”，也就是说，他设计的建筑似乎能像活着的植物那样“生长”。当汉德瓦萨设计的第一座房屋竣工时，他已经50多岁了。但是，在此之前，他已经对建筑有了多年的思考，并进行了多年的写作。有人认为，这些房屋看上去歪歪扭扭、杂乱无章，就像被人捏好了形状，又包裹上了颜色鲜艳的橡皮泥一样。这位建筑师设计的建筑结构“粗犷”、扭曲，不但样子很像植物，而且阳台和房顶还融入了真正的植物。汉德瓦萨尤其对螺旋形情有独钟。位于德国达姆施塔特的森林螺旋百货大楼是他设计的最后一项建筑工程，一座不朽的蛇形造型大楼。

这座建筑共有1000多扇窗户，但其中没有任何两扇窗户是完全一样的。

1 森林螺旋百货大楼外观呈弧线型，就像字母“U”一样。它从底层蜿蜒而上，在第12层到达最高点。

2 这座建筑综合体的两端建有金色的洋葱式穹顶，让人不禁联想到了俄罗斯和德国巴伐利亚地区的那些教堂。

3 针对森林螺旋百货大楼的屋顶，汉德瓦萨设计了一个可栽种树木的平台，而且这些树木可以被天然的雨水浇灌，在平台上生长。

4 汉德瓦萨设计的建筑通常是这样的：建筑的立面覆盖着陶制的串珠状装饰，整座大楼看起来就像是一位马虎的糕点师傅做出来的蛋糕。

5 大楼里的许多窗户和壁龛上也栽种着树木，汉德瓦萨把它们称为“树木房客”。

• 在修建这座既有趣又环保的公寓大楼时，汉德瓦萨使用了再生水泥。

6 大楼四周环绕着好几条渐变的褐色带，它们象征着地球的不同地层，整幢建筑也因此看起来就像是正在生长一样。

7 汉德瓦萨设计的建筑没有直角，因为大自然里很少有这样的形状。

汉德瓦萨的山丘形房屋

2000年，就在森林螺旋百货大楼即将竣工前的两个月，建筑大师汉德瓦萨忽然去世了。当时，他正乘坐邮轮从新西兰前往欧洲旅行。

古怪的解构主义建筑

几乎人人都会运用直线和直角进行建筑设计。利用直尺、量角器，再加上圆规——房子就设计完成了！在20世纪80年代，非常流行用经典样式的柱子和方形窗户来建造房屋，一切看起来都那么井然有序。然而，10年之后，有一小群建筑师们决定尝试一些不同的东西。他们创造了一种复杂、深奥的新风格，这种风格还有一个同样深奥的名字——解构主义。

有一位艺术家就用这一风格取得了杰出的成就，他就是加拿大建筑师弗兰克·盖里（生于1928年）。早在童年时代，盖里就常常摆弄各种瓶瓶罐罐和管子，还有从他祖父的五金店里拿来的各种破铜烂铁。后来，他在学校里学习了建筑学，然后便开始设计带有规则棱角的、十分“正常”的房屋。随着年龄的增长，盖里开始使用计算机帮助自己进行建筑设计。很快，他的建筑风格变得越来越与众不同。盖里最著名的作品就是位于西班牙毕尔巴鄂的古根海姆博物馆（1993年始建，1997年竣工）。同时，这也可能是他最奇特的作品。这座博物馆仿佛是一个许多大型锡罐和钢盒的集合体，还到处都坑坑洼洼的，几乎就像是来自盖里童年时代的那个五金店里的东西。这座建筑的外观让人感觉一切都似乎是出于偶然，但实际上，每个部分都是有意安排的。

从1993年到1997年，只花了4年时间，这座极其复杂的博物馆就竣工了。

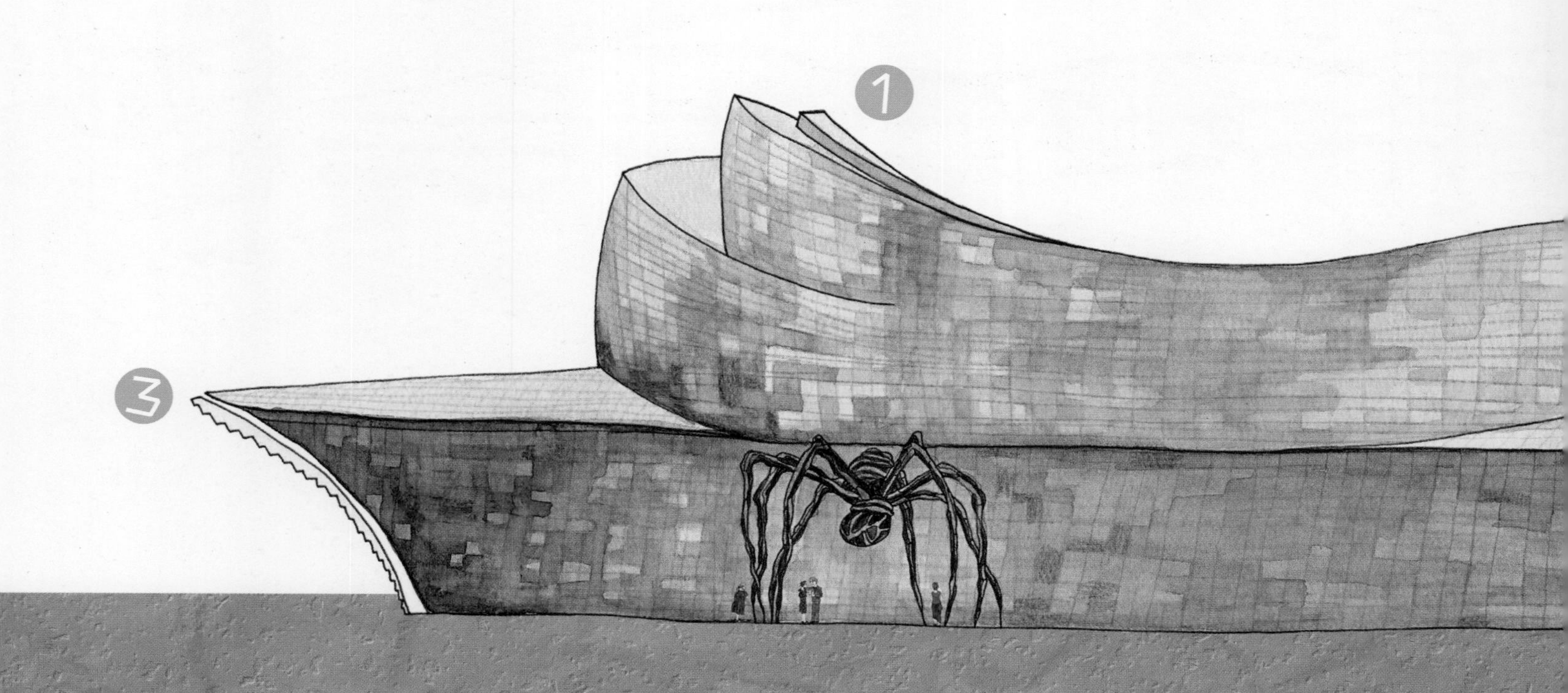

毕尔巴鄂的乱中有序

1 弗兰克·盖里的建筑风格只有在计算机程序的帮助下才能实现，这些程序用来计算如何让建筑物的棱角与曲线结构达到牢固和稳定。

2 人们在观察解构主义风格的建筑时，常常无法辨别哪些是这座建筑的承重墙。这些建筑物看起来支离破碎，各个部分有的向外膨胀，有的又消失于无形。

3 这座博物馆的各个组成部件仿佛是毕尔巴鄂的纳尔温河上方破碎的岩石峭壁。河水倒映在博物馆闪闪发亮的外立面上。这种立面主要由钛锌合金构成。

4 在建造古根海姆博物馆时，弗兰克·盖里使用了玻璃、石头、钢和水。这些建筑材料都来自西班牙的毕尔巴鄂市。

5 傍晚时分，夕阳下的博物馆光滑的弧形外立面微微闪烁着金色的光芒。它的表面被分成了许多块，就像一个安装了许多面镜子的柜子，所有事物都能在它上面映出上千个倒影。

- 解构主义建筑师们常常希望自己设计的建筑物看起来比较神秘。

- 这座博物馆的外观看起来“支离破碎”，也许有些参观者会以为它的设计出了什么差错。不过，事实正好相反：解构主义作品只有通过极为精确的计算才能完成。否则，那些歪歪扭扭的部件就会像纸牌搭的屋子一样倒塌。

- 毕尔巴鄂的古根海姆博物馆面积约为24 000平方米！

毕尔巴鄂的古根海姆博物馆的外形象征着大自然的力量。

为体育而生的动态建筑

中国人常常通过象征符号来进行表达，甚至连汉字也是由符号般的字符组成的。2002年，两位瑞士建筑师，雅克·赫尔佐格和皮埃尔·德梅隆，幸运地在北京奥林匹克体育场的设计比赛中胜出。现在，人们一般称这座体育场为“鸟巢”，它是在中国隆重举行的2008年奥林匹克运动会的主会场。在设计过程中，赫尔佐格和德梅隆不敢有丝毫的侥幸心理，他们找到了一些中国建筑师进行合作。这些中国建筑师们向他们介绍了中国人喜爱的、寓意美好的象征符号。最终，他们选择将鸟巢的形象作为设计的灵感来源。这座建筑有一个重达5万吨的钢梁“外壳”，这些钢梁如同粗壮的树杈一般纵横交错在一起。

在整座体育场内，钢结构的外壳与混凝土看台互不相连。

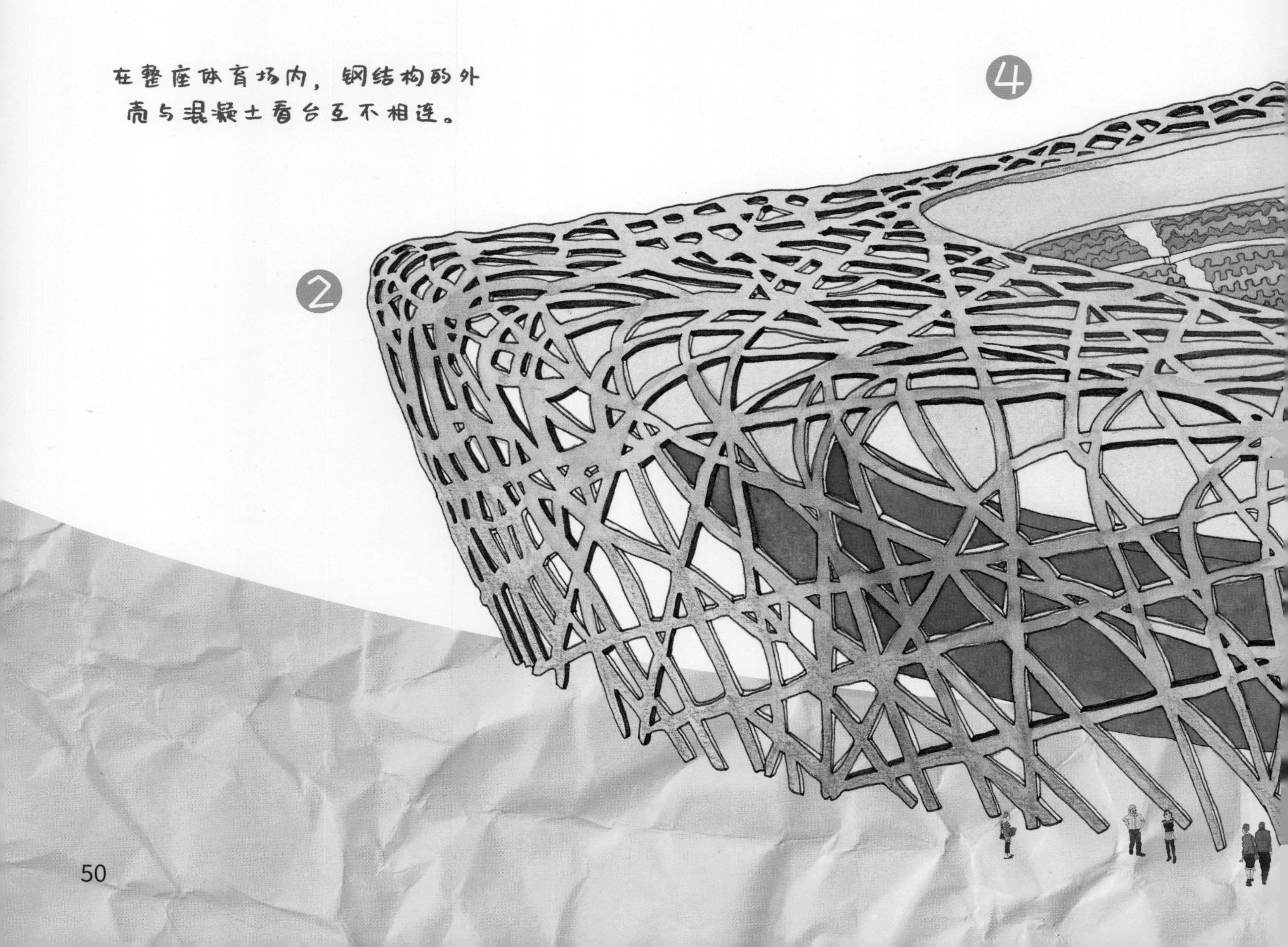

世界上最大的“鸟巢”

1 简单地说，鸟巢的形状像一只混凝土做的“碗”，以及一个包围着“碗”的曲线型钢梁外壳。

2 整座“钢巢”采用焊接的方式进行连接。每一个部件都经过精心设计，以保证整座建筑不出现倒塌。这座建筑没有用一颗钉子和螺丝。

3 鸟巢长330米，宽220米。2008年奥运会期间，它容纳了91 000名观众。你觉得如果是鸟的话，它能容纳多少只？

● 2008年8月8日晚上8点8分，第29届夏季奥林匹克运动会就在这座体育场中开幕了。毕竟，“8”这个数字对中国人来说有很好的寓意。

4 这座体育场原本计划建造一个屋顶，但考虑到性价比问题，这个方案后来被放弃了。

● 要想让沉重的钢梁看起来像是手工掰弯的，现代科技和计算机设计必不可少。

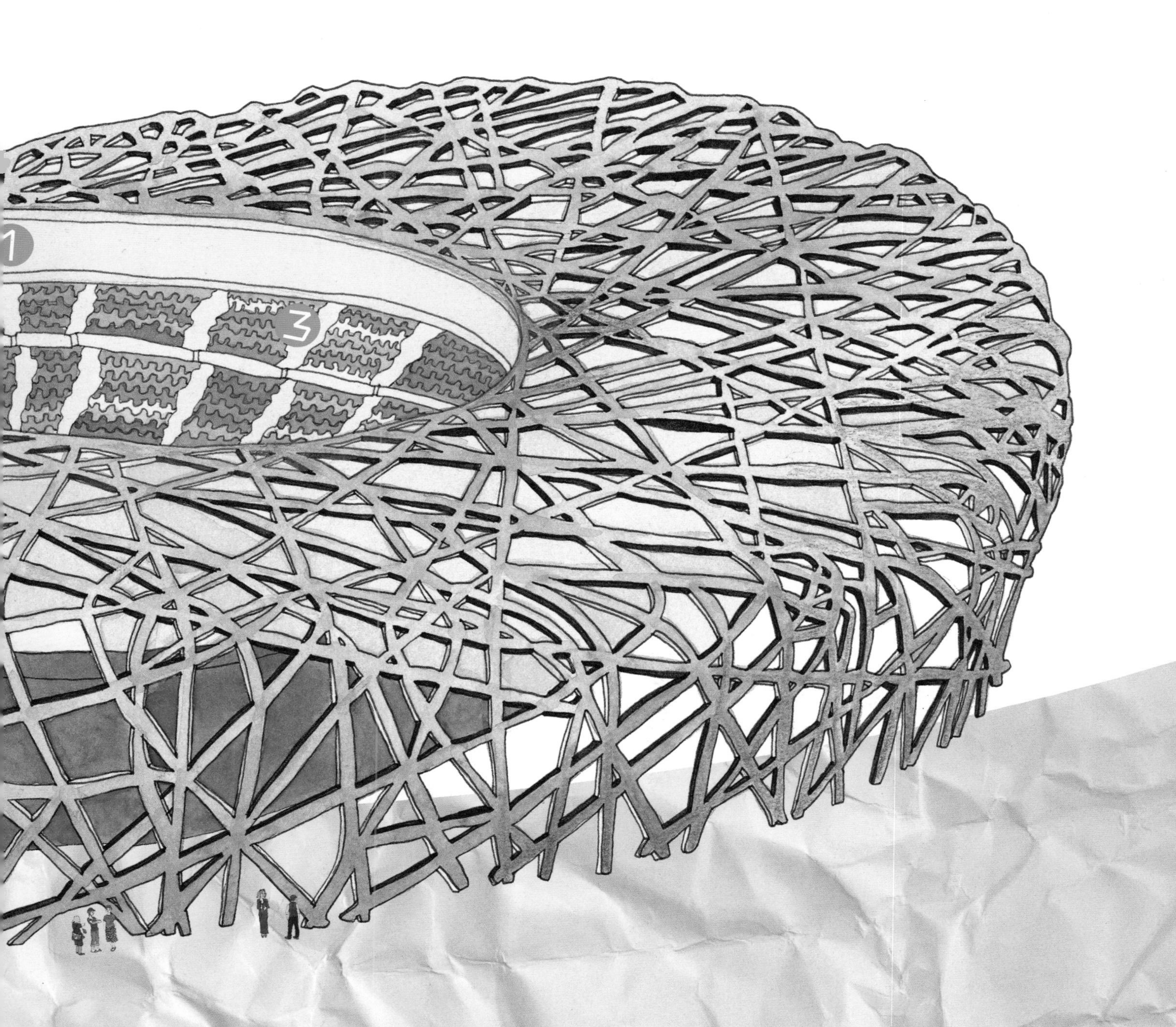

流体建筑的诞生

你见过流体建筑作品吗？如果你曾经见过的话，应该对它的印象比较深刻吧！流体建筑的外观与它的名字描述的一致，它是一种奇特的圆形建筑，看起来就像由许多肥皂泡组成的，也有的像黏糊糊的鼻涕虫。与它周围的建筑相比，流体建筑总是特别显眼。流体建筑的诞生要归功于计算机，尤其是一个名叫“CAD”（computer aided design，计算机辅助设计）的计算机程序。建筑师们通过CAD软件可以设计出各式各样新颖、独特的建筑物，比如没有任何转角和直壁的博物馆，以及每个房间都不一样的住宅。

在CAD软件出现之前就已经设计出来的那些建筑，也给了流体建筑的设计者不少启发。慕尼黑奥林匹克体育场建于1972年，它那流体般的屋顶就一点儿都不平坦！年代更晚一些的建筑师们则通过使用CAD软件，在他们所设计的建筑物整体外观上，表现出这种屋顶所体现的未来主义风格。两位英国艺术家、建筑师——彼得·库克和科林·弗尼尔，受到奥地利城市格拉茨的邀请，为那里设计了一座新的美术馆。他们设计的格拉茨美术馆于2003年竣工，成为流体建筑的杰出代表。格拉茨美术馆具有凸出的墙壁、闪烁的灯光，让人感觉整座建筑的外观随时都在改变，就像馆内不断更换的美术展品一样。

1. 格拉茨美术馆的外壳由几百块塑料板组成，每一块塑料板都与相邻的板子不完全一样。不过，它们都是弧形的。这样一来，整座建筑就如同有个巨人坐在了上面！

- 通过计算机的计算，人们确定了将这些塑料板安装在一起的方法，它们之间没有任何的开孔或缝隙。

2. 一些人认为，格拉茨美术馆像一个被压扁的海参；还有一些人认为，这座建筑看起来讨人喜欢，就像活生生的东西，让人一看到就想去抚摸它。

3. 只要触摸一下按钮，这座建筑外立面上的灯光就可以点亮、熄灭、变化亮度或者变色。这样，整座建筑本身就成了一件能不断变化的艺术品。

- 流体建筑中没有任何部件沿用现成的东西，每一个部件都必须专门定制。当然，其建造费用也因此非常高。

- 许多流体建筑都是拍摄科幻电影的完美场地！

和“CAD”这个词语一样，流体建筑的英文名称“blob”也是一个缩写词。“blob”的全称是“二进制大对象”（binary large objects），它指的是流体建筑师们在进行建筑设计时所使用的那些形状。

像甜甜圈一样又圆又胖的建筑

900多盏小灯将这座建筑
900平方米的立面照得
灯火通明！

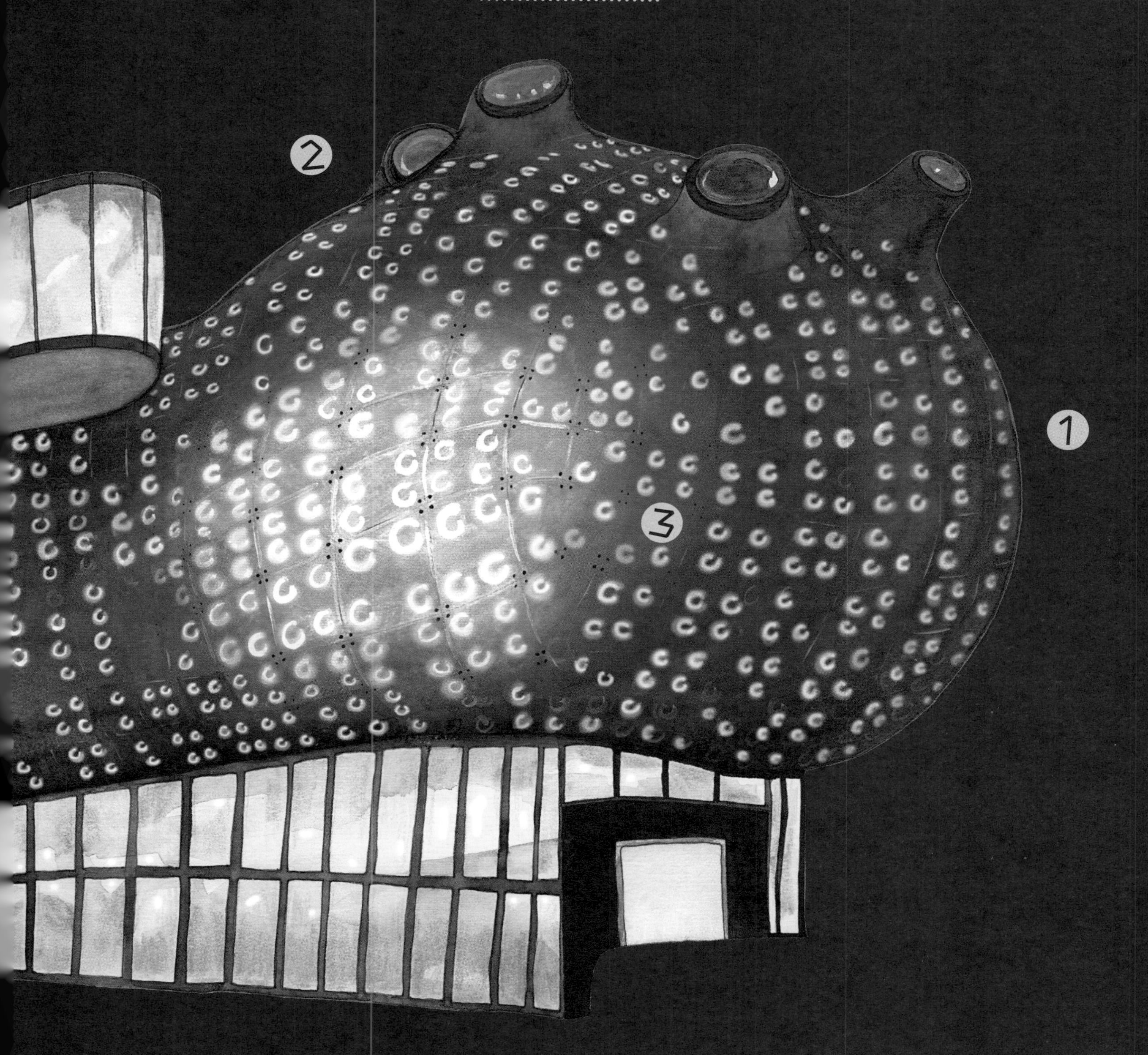

生态建筑学

如今，任何从事建筑设计的人都必须考虑到未来：城市里地价越来越昂贵；气候变化引起了自然灾害，正在威胁着更多的地区。因此，许多建筑师决定修建出与大自然和谐共处的建筑，而不是与大自然进行对抗。这种建筑设计理念，被称为“生态建筑学”，也叫“绿色建筑学”。生态建筑学现在很受人们的欢迎。

生态建筑师们有什么特点呢？他们善于在建筑物中使用环境友好型的材料，他们还用计算机来设计与他们的“自然栖息地”理念完美契合的建筑结构。这些建筑物通常都是抗震建筑，遍布绿色植物，能源消耗也非常低。这些引人注目的绿色建筑，有些是住宅，有些是公寓大楼。它们常常看起来与环境“融为一体”。

1 荷兰建筑师科恩·奥尔修斯专门从事水上住宅的设计。他设计的住宅使用了水力、风力和新材料，为未来做足了准备。

2 通过使用一种特制的混凝土与泡沫塑料的混合物，科恩设计的住宅可以适应水位的变化。如果遇见因为气候变化而造成的水位上升，这种住宅便能够抵挡洪水的侵袭！

3 大约1万年前，人类就已经在用黏土和淤泥修建圆形小屋了。如今，一些当代的建筑师们在为地震高发地区设计住宅时，发现那些古代建筑非常耐用。因此，他们设计出了一种圆形屋顶结构，名为“整体穹顶”。具有这一结构的住宅采用一整块混凝土浇筑而成，尤其能够抵挡龙卷风和地震的侵袭。

4 在土耳其和美国的佛罗里达州，已经修建了一些这样的整体穹顶住宅。它们看起来就像爱斯基摩人舒适的圆顶小屋！

有谁曾想过，建筑学有一天又会回到它的起点——洞穴、树屋和湖上桩屋？

在一块面积仅为22平方米的墙面上种满植物，1年就能够减少1吨的二氧化碳排放！

未来的绿洲

●城市里的空间越来越狭窄，空气质量也经常很糟糕。因此，两位马来西亚建筑师——汉沙、杨经文，有一天突发奇想，想要修建一座像摩天大楼一样的垂直公园。

5 在新加坡，有一座热带环保大厦正在建造中。它的外观就像城市丛林中的一棵“建筑物大树”，设计高度为26层。它的立面一半以上都将种植绿色植物。

●这座建筑拥有一套新颖的灌溉系统，能确保大厦中随时都有可以用来浇灌植物和冲马桶的水。

6 大厦上的这些植物创造出了一个绿色的微气候，它将有助于改善新加坡的空气质量。大厦的空调与太阳能电池板也同样是生态友好型的。

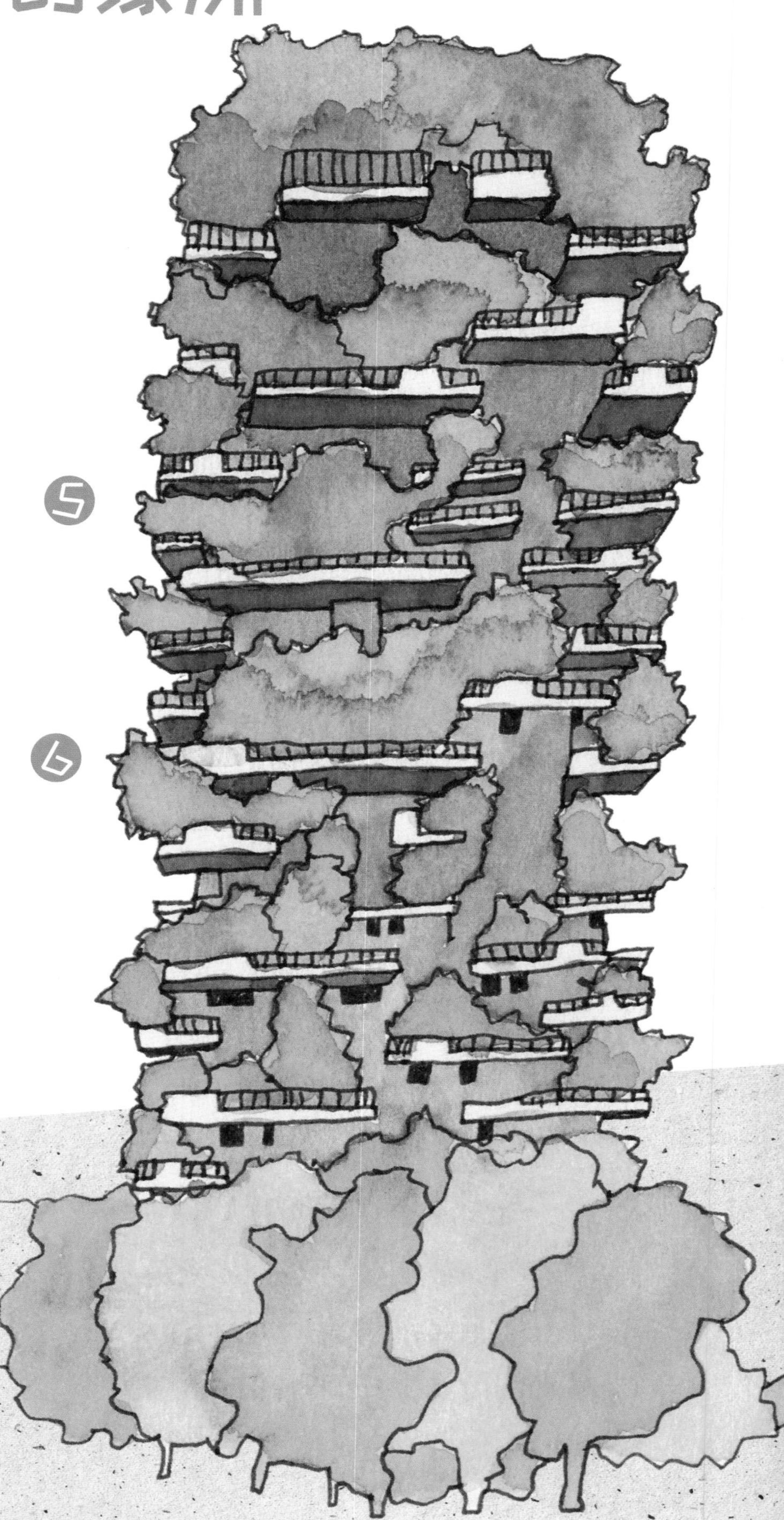

建筑史速览

公元前1万年以前 ▶▶ 公元前4000年 ▶▶ 公元前300年 ▶▶ 时代之交 ▶▶

远古时期的建筑

人类的祖先花了很长的时间才“发明”了建筑。200万年前，现代人的前身还在不断地迁徙，在树上或洞穴中睡觉。直到公元前1万年左右，他们才开始使用树枝和树叶来建造略长的、椭圆形的小屋。同时，他们还发展出了最早的农业。此时，人类社会也开始了真正的定居生活。

随着时光的流逝，圆形的茅草小屋和用泥土建成的村落出现了，取代了那些更古老的建筑物。

后来，到了公元前7000年左右，一些聪明的人类祖先发明了泥砖。公元前4000年左右，人类又发明了轮子。终于，人类有条件修建城市了。耶利哥城就被认为是最古老的城市之一。

公元前39万年—公元前4000年

古埃及建筑

虽然那个时代没有计算机，但古埃及的建筑师们所作的计算仍然出奇的准确，他们创造了一些极为复杂的几何形状建筑。他们设计的三角形金字塔，就成了古埃及国王（也叫“法老”）的墓室。这些巨大的石头建筑质量非常高，4500年后的今天，人们仍然对它们赞叹不已。

世界七大奇迹之中，唯一现存的就是胡夫金字塔。从外观看，金字塔的建筑结构简单，每座金字塔的基座都是正方形。当年的古埃及人，在那样高的位置，仍然能将笨重的金字塔石块进行完美的组装。然而，他们究竟是如何做到这一点的，人们至今仍然不知道准确的答案。

风沙和盗贼带走了最初覆盖在金字塔表面的白色大理石。此外金字塔中的木乃伊，也就是涂有防腐香料的法老尸体，也常常被盗。

公元前3000年—公元前2000年

古希腊建筑

古希腊人以疯狂的速度在整个希腊地区修建了各式各样的建筑。其中最著名的，当数他们的神庙。每一座神庙都是专门为某位神灵特意修建的。这些心地善良的古希腊人要祭拜的神可不少呢！神庙建筑的特点是有柱子，柱子的顶端有柱头。

每个不同的古希腊历史时期，都有那个时期特有的最受欢迎的柱子风格。最早期是多立克柱式（1），后来又出现了爱奥尼柱式（2）和科林斯柱式（3）。

1　2　3

古希腊人喜欢用雕塑来装饰自己的神庙，尤其是在横饰带（4）和三角楣饰（5）上。

5　4

公元前600年—公元前300年

古罗马建筑

古罗马人永不停歇般地复制古希腊人的风格，他们建造的柱子和神庙都使用的是古希腊风格。不过，他们也发展出了一些新的建筑形式，并对原来的一些建筑形式进行了改进。古罗马建筑师们用混凝土、灰浆和半圆拱创造出了数量惊人的建筑类型。

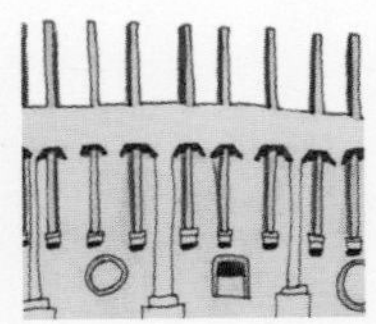

这其中就包括用于向城市供水的渡槽、供公众娱乐的体育场（包括罗马斗兽场），以及作为重要聚会场所的大型浴场（公共浴室）。

公元前200年—公元300年

从小屋子到大教堂

▶▶ 公元300年 ▶▶ 800 ▶▶ 1000 ▶▶ 1200 ▶▶ 1300 ▶▶

拜占庭风格建筑

公元330年，罗马皇帝君士坦丁建立了一座新的城市来取代罗马城，成为他所统治帝国的新首都。这座曾经名为拜占庭的城市现在有了一个新的名字——君士坦丁堡。君士坦丁非常崇拜基督教，所以，他想修建能让所有基督教徒都聚集在一起的建筑。很快，由罗马人发明的巴西利卡式建筑就成了所有基督教堂的样式。巴西利卡式建筑具有空旷的中殿、大量的柱子，有些顶部还有巨大的穹顶。

最著名的带穹顶的巴西利卡式建筑，当数位于君士坦丁堡（今伊斯坦布尔）的圣索菲亚大教堂。把它那宏大、独立支撑的穹顶修建好，确实是一项伟大的成就。多亏那时的人们使用了一些特殊的拱顶和一种特别的灰浆，这座穹顶才得以成形。

圣索菲亚大教堂还拥有华丽的装饰和精美的雪花石膏窗户，这些都是拜占庭风格建筑的典型特征。

公元300年—1450年

中世纪时期的建筑

罗马帝国灭亡后，欧洲处于持续的动荡之中，人们成群结队地迁徙到新的地方。但是，这种人口流动也常常造成军事对抗，所以迁徙中的人们需要能够使自己过上安全生活的场所。于是，他们挑选了那些能够轻易发现敌人的地方（比如山顶），或者能够为他们提供保护的场所（比如岛屿，以及古罗马的防御工事）。他们还修建了自己的防御性建筑，并建设了配套的围墙和壕沟。这些建筑逐步发展成了功能完善的城堡。

城堡往往都具备塔楼或主塔，城堡里的居民可以通过它们对城堡周边的环境进行严密监视。为了有水可用，蓄水池和水井也必不可少。中世纪以后，许多城堡都被改造成了宫殿。

公元450年—1500年

罗马式建筑

到了中世纪中后期，基督教的力量在欧洲越来越强大，甚至连皇帝都被认为是需要上帝特殊庇护的人。

到了公元1000年左右，欧洲兴起了一股建设教堂的热潮。建筑师们的设计风格越来越偏离古罗马式，他们发展出了一种现在被称为“罗马式”的新风格。

罗马式风格建筑也使用传统的罗马拱券与厚重的拱顶，但同时还具备一些“新潮”的特征，如矮拱廊、布满雕塑的正门（宏伟的出入口）和有华丽雕刻的柱头等。

公元1000年—1200年

哥特式建筑

每当有真正的新事物即将出现时，总是需要同时具备各种不同的条件。中世纪时期，各个国家间经常相互开战，商人在社会中的地位显得更加重要，同时，城市也开始扩张。经历着这一系列的动荡与不安，欧洲人民比此前更加向往上帝，他们认为上帝是唯一能给予超越一切世俗力量的神。

为了能更接近上帝，建筑师们创造出了一种新的教堂样式——哥特式大教堂。这种建筑有着尖拱、薄墙，高高地耸入云霄；拱顶的高度让人感觉头晕目眩；巨大的彩色窗户令大教堂内部沐浴在“神圣”的光芒之中。在英国，直到20世纪，人们还在以由这种风格演变而成的一些新样式修建房屋。

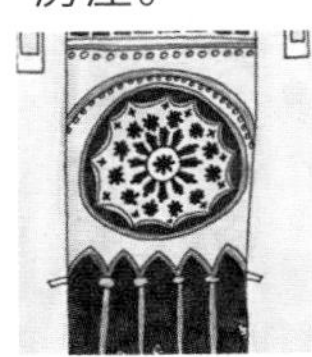

公元1200年—1500年

建筑史速览

1400 ▶▶ 1500 ▶▶ 1600 ▶▶ 1700 ▶▶ 1800 ▶▶ 1850

文艺复兴时期的建筑

文艺复兴（原意为“重生”）起源于意大利。当时，意大利的商人对古罗马的艺术与文化都很感兴趣。全世界的知名学者纷纷来到意大利进行学习，还开展了教学活动。有一本古罗马著作，也就是由维特鲁威于公元1世纪编写的《建筑十书》，也在这时被重新发现了，并由此引发了以古代风格进行建筑设计的热潮。文艺复兴时期的建筑师们使用古老的对称原则，使建筑物各部分的比例达到和谐。罗马风格的柱子、三角楣饰和拱券，也让建筑物的立面看起来比较优雅。与巨大的哥特式大教堂不同的是，文艺复兴时期的建筑大小是按照“人”的标准来设计的，反映了重视人类个体的思想。

公元1400年—1600年

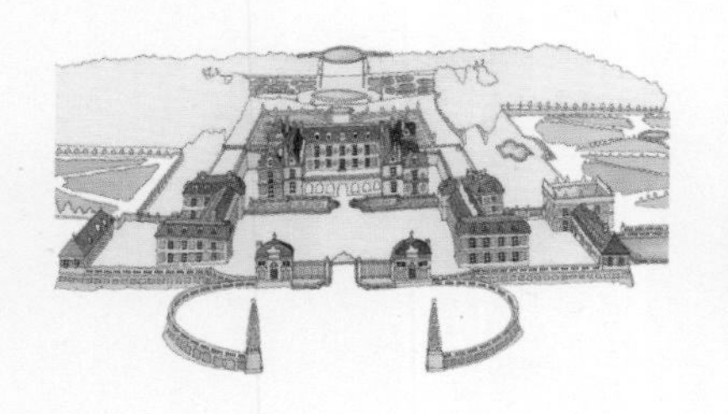

巴洛克式建筑

在文艺复兴风格兴盛之后，出现了一种截然不同的风格，名为“巴洛克式”风格。这种风格以华丽著称。此时欧洲的国王们，都认为自己就是世界的中心，并且修建了宏伟的宫殿，其中就包括凡尔赛宫。天主教会建造了华丽的教堂，包括巴赫与亨德尔在内的音乐家们创作出了辉煌的音乐作品，而像鲁本斯等画家们，则绘制出了人物形象高大、体态丰腴的画作，成为艺术史上的丰碑。

为了使立面的外观显得豪华，人们还使用了华丽的粉饰（彩色灰泥）、贝壳形状的石头装饰物、男童天使雕像和漩涡形装饰（灰泥或木质的缠绕装饰）进行点缀。筒形拱顶与弧形墙体使巴洛克式建筑显得比实际尺寸要大很多。

公元1600年—1770年

古典主义建筑

1789年爆发的法国大革命不仅动摇了社会领域，还使建筑领域受到冲击。传统的国王们与女王们的权力受到了质疑，没有人再想要奢华的巴洛克式建筑了。建筑师们再一次回到古代经典中寻找灵感。

古典主义建筑很快就改变了欧洲和世界其他一些地区城市的面貌。博物馆、戏剧院、政府大楼，乃至教堂，都变成了古代神庙的样子，它们具有对称的立面，以及古希腊或古罗马式的柱子、柱头、柱顶、横饰带和三角楣饰。

公元1770年—1850年

历史主义/哥特复兴式建筑

到了19世纪中后期，人们又热衷于复兴古代的建筑风格，所以哥特式风格和文艺复兴时期的风格也在这时再次流行起来。这次运动就是历史主义运动，它对公共建筑和私人建筑都产生了影响。历史主义建筑被用作教堂与政府办公场所；工厂主们和其他新富人群也采用这种风格来为自己建造庄园、别墅和其他“雄伟的建筑”。

在这些建筑中有这样一些雄伟的住宅，它们的外观看起来像是中世纪时期的城堡，还有一些看起来像是文艺复兴时期的联排住宅或巴洛克式风格的宫殿。这些建筑物的外观与许多普通的厂房和其他工业建筑形成了鲜明的对比。

历史主义建筑在英国流行了很长一段时间，尤其是在维多利亚女王在位的64年间。实际上，这些建筑物也常常被称为“维多利亚式建筑”。

公元1830年—1900年

从装饰性到实用性

▶▶ 1880 ▶▶ 1900 ▶▶ 1910 ▶▶ 1920 ▶▶ 1930

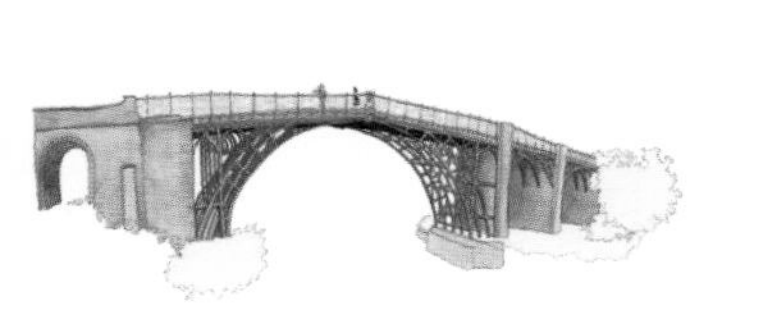

工业化时期的建筑

18世纪的英国，工厂开始大量生产铁。很快，建筑师们便开始使用这种硬铁来修建桥梁、玻璃宫殿、温室、火车站及工厂。

这些建筑经久耐用、实用性强，特别适合那个人人都很勤劳的工业化时代。其中有一些建筑还十分精致美观，因为它们的建筑师通过使用铆接构件、扶壁、拱券和玻璃，创造出了与花边状细工饰品相似的墙体和屋顶。

所有这些新的建筑样式，都需要建筑师对工业材料有透彻的了解。因此，许多建造者有了一个新头衔——工程师。

公元1780年—1900年

新艺术/青年风格建筑

在巴黎、布达佩斯、维也纳、巴塞罗那等许多大城市，工业化风格得到了进一步发展。日常用品和日常建筑，包括花瓶、瓷砖、灯具、附属建筑和地铁站等，开始使用工业技术进行大批量生产。但是，人们仍然希望这些物品的外观个性化、自然。所以，设计者们和建筑师们开始使用玻璃、铁等坚硬的材料模仿大自然中的形状。这种新的风格常常被称为“新艺术”或“青年”风格，它的特征是具有不规则、华丽的花朵和树叶形状。

位于西班牙巴塞罗那的圣家族大教堂，是一座非常震撼人心的新艺术风格建筑。它的设计者是西班牙建筑师安东尼奥·高迪。高迪希望这座教堂里的一切事物都看起来像是自然生长出来的。由于圣家族大教堂的设计太过复杂，所以直到今天它仍然还在继续施工。

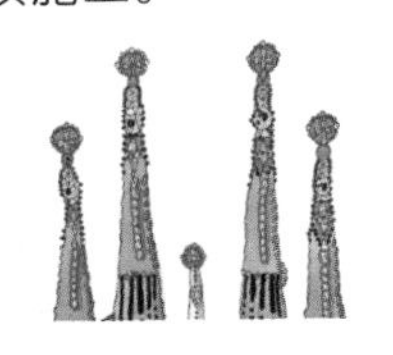

公元1880年—1920年

装饰艺术风格建筑

20世纪20年代，花哨的新艺术风格被装饰艺术风格所取代。这种新风格的特征是具有动态的外形、精致的材料和鲜艳的色彩。在纽约市，建造者们曾经竞相修建摩天大楼。没过多久，数十座精美的装饰艺术风格建筑拔地而起，直入云霄。

这些建筑物被修建得既漂亮又奢华，极大原因是它们包含了闪亮的铬、特殊的照明方式、平整的表面和光芒四射的对称图案。它们的内部也十分精美，房间、楼梯和办公室都非常豪华。

装饰艺术风格逐渐成为20世纪二三十年代的象征。帝国大厦、克莱斯勒大厦等摩天大楼及好莱坞电影的华丽布景，都是这种装饰艺术风格的体现！

公元1920年—1940年

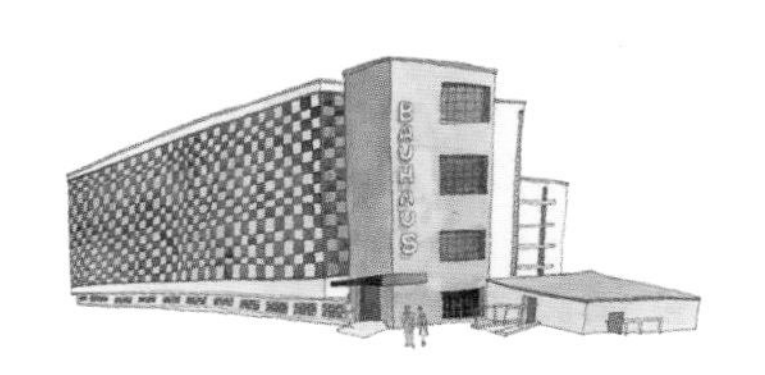

包豪斯风格建筑

实用又美观，艺术性强又不过于花哨，还经久耐用——这就是建筑师们、艺术家们、工匠们共同描绘出的一种新时代的新风格。一切都要相互协调——餐具要与厨房相互协调，房间要与大楼相互协调，物品要与房间相互协调。

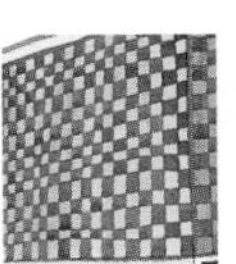

许多新一代的艺术家来到包豪斯学校学习和工作，这是一所位于德国魏玛和德绍的著名艺术学校。这些艺术家们抛弃了过去那种华丽的装饰，设计出了只使用基本形状作为外观的建筑和物品。他们的设计理念是，希望人们能看到建筑或物品的功用，使简单成为时尚。

包豪斯风格的艺术家们极为用心地设计了公寓大楼、椅子、桌子、灯具，甚至还有牙签。

公元1920年—1960年

建筑史速览

1940 ▶▶ 1960 ▶▶ 1970 ▶▶ 1980 ▶▶ 2000

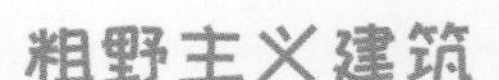

粗野主义建筑

法语中有“béton brut”一词，指的是清水混凝土，或是仍然能看到毛面混凝土材料的墙体。20世纪中叶，这种建筑形式催生出了一种新的风格，名为“粗野主义”。粗野主义建筑以使用纯粹的几何图形作为外观而著称，这些几何图形的建筑结构就像玩具积木一样被搭在一起。

这种建筑的外观大多不怎么精致、迷人，看起来常常像是粗糙的岩石或洞穴。它们不加修饰、破碎、甚至还有点丑陋的外观，可能反映了第二次世界大战期间欧洲人民遭受的苦难。瑞士裔法国建筑师勒·柯布西耶推动了这种风格的发展。柯布西耶的作品法国朗香教堂，是最早广泛使用清水混凝土的建筑物之一。不过，朗香教堂优雅的曲线，使它又与大多数粗野主义建筑的外观完全不一样。

公元1950年—1970年

宇宙飞船式建筑

1969年，当人类第一次踏上月球时，太空旅行与空间科学开始风靡一时，关于太空的节目也成为最受欢迎的电视节目之一。与此同时，建筑师们在设计建筑的过程中，也开始使用太空时代的新科技工具。

金属、有机玻璃、新型塑料都开始被用于房屋建筑的建造，这些材料可以塑造出一些独特的样式和形状。这样一来，建造者们可以修建出一些与众不同的房屋，让它们的外观看起来像车辆，或者像来自未来的奇怪物品。比如澳大利亚的悉尼歌剧院，它的外观就被设计成了一艘在水面上滑行的未来主义风格的帆船。

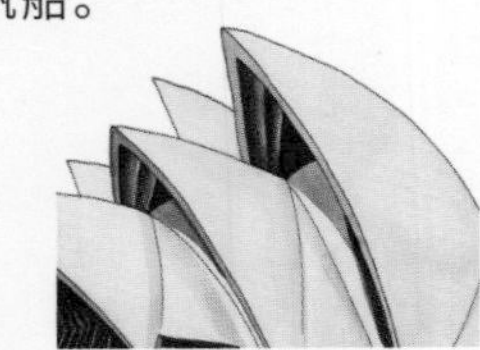

公元1960年—1980年

彩虹建筑

佛登斯列·汉德瓦萨讨厌直角。这位奥地利建筑师曾经到处旅行，吸收了许多其他国家的建筑风格。同时，他也欣赏大自然中的各种形态、形状与色彩。渐渐地，汉德瓦萨有了这样一种想法：大自然中的元素应该成为建筑的一部分，建筑应该拉近人与自然的距离。

因此，汉德瓦萨开始设计外观与众不同的建筑。他从大自然中寻找灵感，将迷宫和蜗牛的形状与形态应用于建筑设计。他甚至将大自然直接“搬”到建筑物中，在屋顶与墙壁上种树和布置水道。汉德瓦萨的建筑还以展现出彩虹般缤纷的色彩而闻名，这些色彩使建筑物所在的城市从灰暗变得更加明亮。

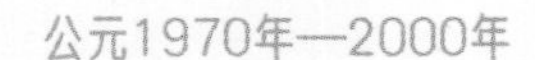

公元1970年—2000年

当代地标建筑

新式建筑的形状五花八门，有些甚至非常古怪。一些建筑看起来像有一个巨人踩在上面，还有一些像被打翻的锡罐！规则的棱角在建筑风格中已经成为过去。闪亮的新型建筑材料，包括各种金属和塑料等，让这些建筑物更加引人注目。

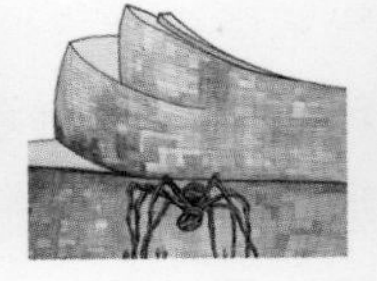

一些特别的新式建筑被设计得既刺激又有趣。它们的设计者一心想要使它们脱颖而出，成为建筑物所在地的真正地标。在西班牙北部就有这样一座标志性建筑，它就是毕尔巴鄂的古根海姆博物馆。设计它的建筑师弗兰克·盖里使用了复杂的计算机程序来让自己的建筑梦想成为现实。

公元1990年至今

从混凝土到植物大楼

▶▶ 2005 ▶▶ 2007 ▶▶ 2012

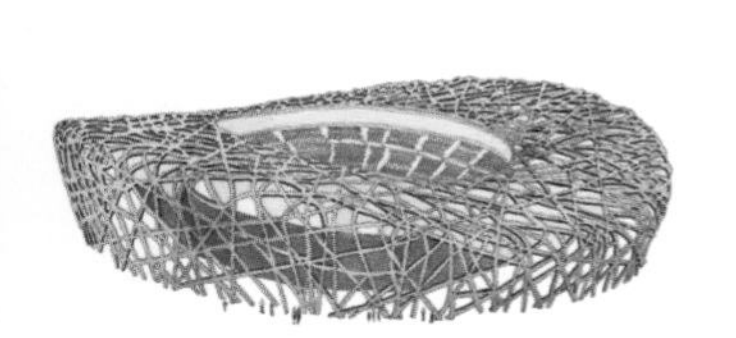

动态建筑

最早在大型体育场内开展群体性娱乐活动的，大概要数古罗马人了。罗马的一些圆形剧场，比如在罗马斗兽场中，普通民众能够观看刺激的运动和项目。直至今日，罗马斗兽场仍然是一座宏伟的标志性建筑。

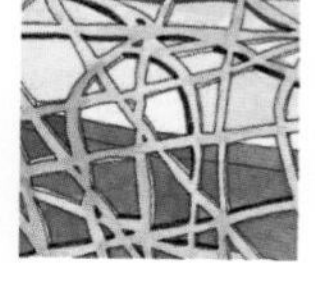
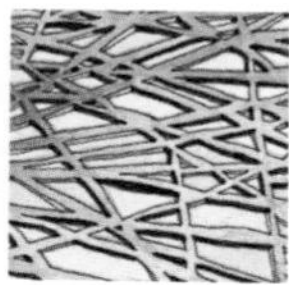

如今，当一些城市举办大型体育赛事（如奥林匹克运动会）时，也常常修建一些具有代表性的建筑，就如同当年修建罗马斗兽场那样。1972年，在德国慕尼黑修建的奥林匹克体育场的未来主义风格房顶闻名全球。2008年，全世界的目光聚焦于另一座伟大的奥林匹克体育场——中国北京的鸟巢体育场。从外观看，这座建筑就像一个脆弱的鸟巢，但实际上，它无比结实和牢固。“鸟巢”的建筑师们运用了源自大自然的理念，同时应用先进的计算机程序，建造出了这样一座既精致又雄伟的建筑。

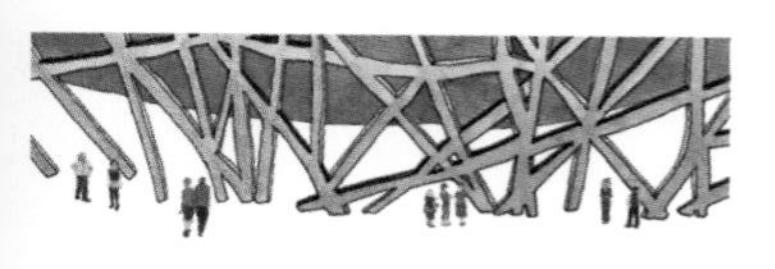

公元1970年至今

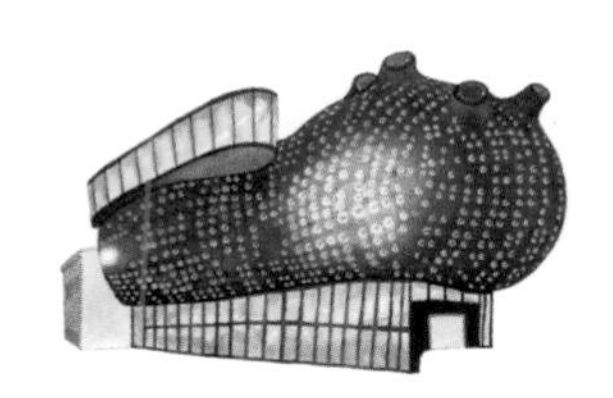

流体建筑

20世纪90年代，又出现了一种计算机程序，它在建筑领域开启了一种新风尚。这项杰出的成就就是计算机辅助设计软件（CAD）。如今，没有建筑师在工作时能够离开它。有了计算机辅助设计软件，人们便能够设计出一些外观奇特的建筑物，它们的外形有的酷似茄子，有的像深海生物，还有的看起来像是来自外太空的流体生物！这些建筑物的形状让这种新风格的建筑有了一个特别的名称——流体建筑。

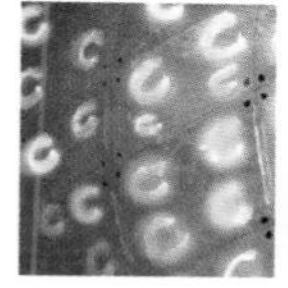

在CAD的帮助下，现在人们可以在建筑物中大量使用玻璃和耀眼的塑料。这些建筑物首次亮相时，人们都对它们的外观大吃一惊。它们就像坐落在城市中心的巨大外星生物。自2002年以来，有一座流体建筑一直矗立在伦敦街头，它就是伦敦市政厅。这座建筑是伦敦市长的办公场所，它不但外观独特，而且还十分节能！

公元1990年至今

未来建筑

对一些会影响我们整个社会与世界的问题，包括气候变化、臭氧层空洞、空气污染，以及自然资源的消耗等，当代建筑师们非常关心。如何修建当代的房屋，才能使它们与大自然和谐相处呢？在世界上的许多地方，建筑物需要能够经受地震和风暴的考验；还有一些建筑物应该具备“绿墙”，这种绿墙可以创造微气候，并有助于保护建筑物中的居民免受环境污染的伤害；另外一些建筑，可能需要在水中能够屹立不倒，如果因气候变化导致沿海地区被水淹没，它们仍可以继续使用。

为了实现这些目标，许多建筑师们正在研究人类建造的最古老的建筑。洞穴住宅、树屋和一些早期建筑的特征，正在被人们再次运用，建筑师们也将根据它们来设计未来的建筑。

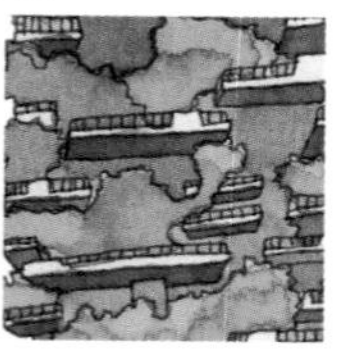

出版团队

出 品 方： 斯坦威图书

出 品 人： 申 明

出版总监： 李佳铌

产品经理： 韩依格

责任编辑： 马妍吉

助理编辑： 刘予盈

封面设计： 高怀新

排　　版： 高怀新

发行统筹： 贾 兰 阳秋利

市场营销： 王长红

行政主管： 张 月

翻译统筹： 语言桥® Lan-bridge

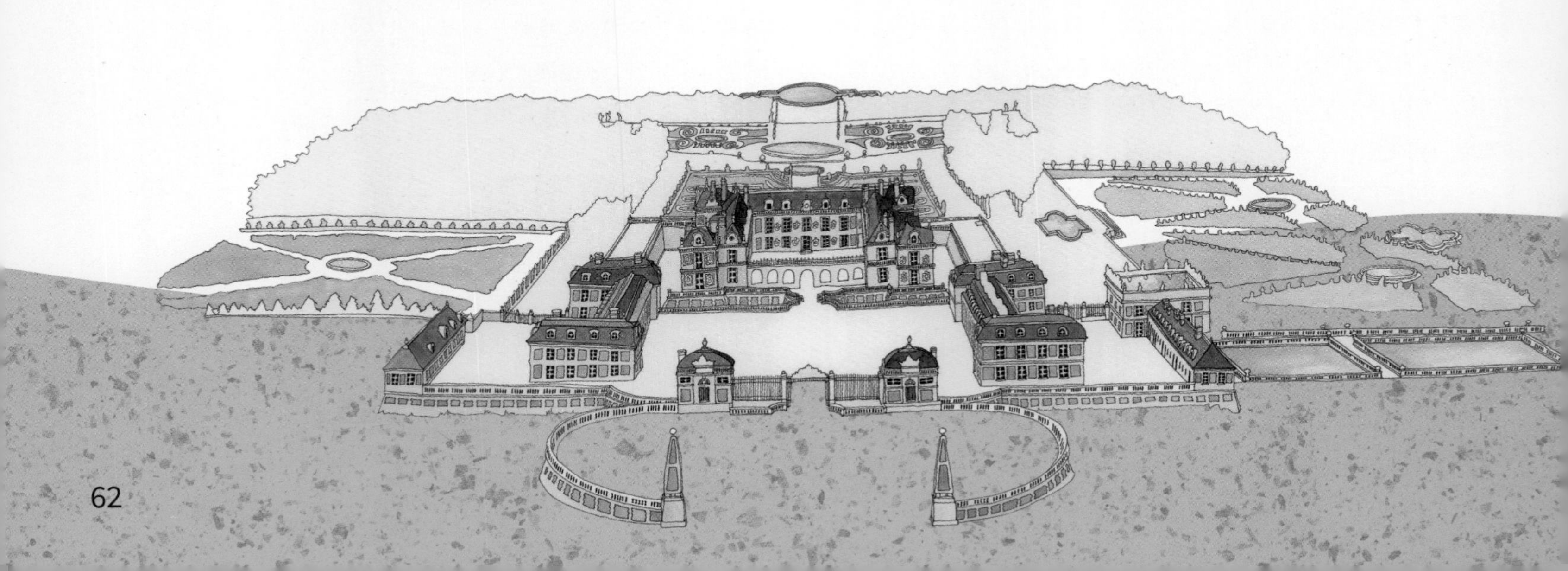

图书在版编目（CIP）数据

写给孩子的建筑史 /(德) 克里斯汀・帕克斯曼著；
李家元译. -- 天津：天津科学技术出版社, 2023.5
ISBN 978-7-5742-1097-4

Ⅰ. ①写… Ⅱ. ①克… ②李… Ⅲ. ①建筑史－世界－儿童读物 Ⅳ. ①TU-091

中国国家版本馆CIP数据核字(2023)第068518号

写给孩子的建筑史
XIEGEI HAIZI DE JIANZHUSHI
责任编辑：马妍吉
出　　版：天津出版传媒集团
　　　　　天津科学技术出版社
地　　址：天津市西康路 35 号
邮政编码：300051
电　　话：（022）23332695
网　　址：www.tjkjcbs.com.cn
发　　行：新华书店经销
印　　刷：河北鹏润印刷有限公司

开本 970 × 1320　1/16　印张 4　字数 34 000
2023 年 5 月第 1 版第 1 次印刷
定价：89.00 元

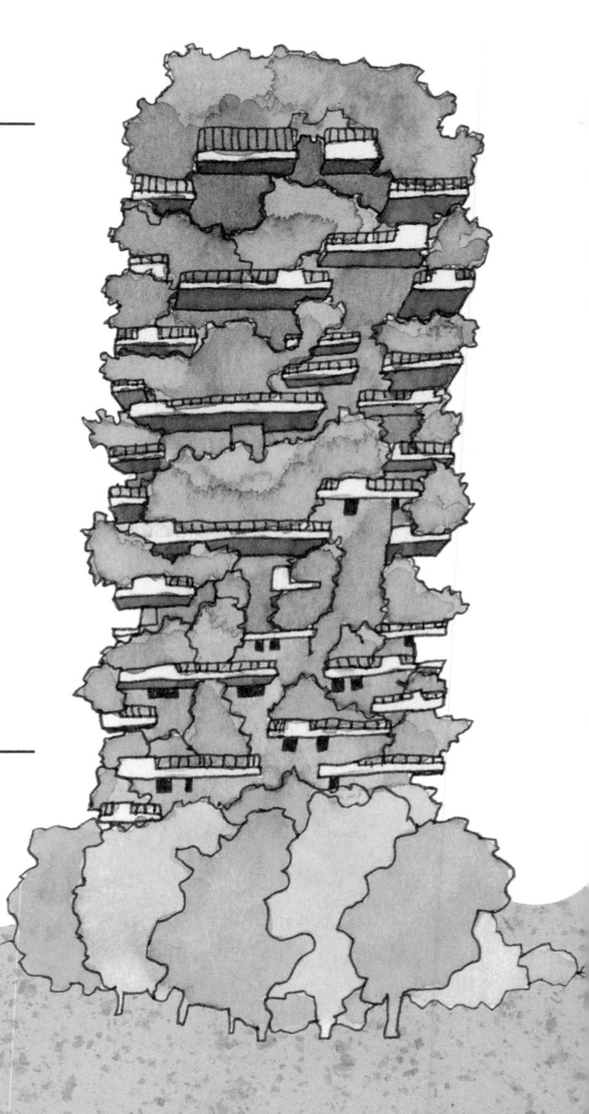

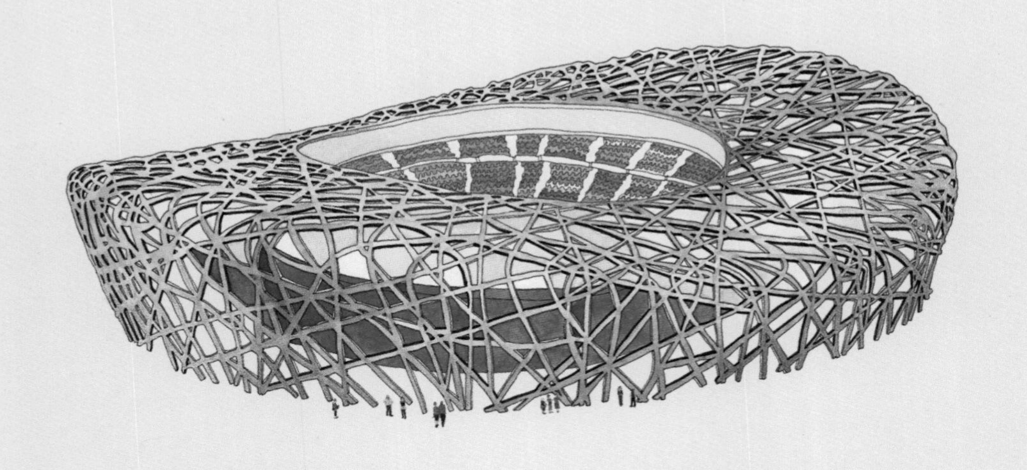